崧燁文化

曹永忠、郭耀文、楊志忠　著

高溫控制系統開發
(改造咖啡豆烘烤機為例)

A Development of High-Temperature Controller
(A Case of Coffee Roaster Modified from Roaster)

U0087238

自序

　　工業 4.0 系列的書是我出版至今五年多，出書量也破百本大關，當初出版電子書是希望能夠在教育界開一門 Maker 自造者相關的課程，沒想到一寫就已過 7 年，繁簡體加起來的出版數也已也破百本的量，這些書都是我學習當一個 Maker 累積下來的成果。

　　這本書可以說是我的書另一個里程碑，很久以前，這個系列開始以駭客的觀點為主，希望 Maker 可以擁有駭客的觀點、技術、能力，駭入每一個產品設計思維，並且成功的重製、開發、超越原有的產品設計，這才是一位對社會有貢獻的『駭客』。

　　如許多學習程式設計的學子，為了最新的科技潮流，使用著最新的科技工具與軟體元件，當他們面對許多原有的軟體元件沒有支持的需求或軟體架構下沒有直接直持的開發工具，此時就產生了莫大的開發瓶頸，這些都是為了追求最新的科技技術而忘卻了學習原有基礎科技訓練所致。

　　筆著鑒於這樣的困境，思考著『如何駭入眾人現有知識寶庫轉換為我的知識』的思維，如果我們可以駭入產品結構與設計思維，那麼了解產品的機構運作原理與方法就不是一件難事了。更進一步我們可以將原有產品改造、升級、創新，並可以將學習到的技術運用其他技術或新技術領域，透過這樣學習思維與方法，可以更快速的掌握研發與製造的核心技術，相信這樣的學習方式，會比起在已建構好的開發模組或學習套件中學習某個新技術或原理，來的更踏實的多。

　　目前許多學子在學習程式設計之時，恐怕最不能了解的問題是，我為何要寫九九乘法表、為何要寫遞迴程式，為何要寫成函式型式…等等疑問，只因為在學校的學子，學習程式是為了可以了解『撰寫程式』的邏輯，並訓練且建立如何運用程式邏輯的能力，解譯現實中面對的問題。然而現實中的問題往往太過於複雜，授課的老師無法有多餘的時間與資源去解釋現實中複雜問題，期望能將現實中複雜問題淬鍊成邏輯上的思路，加以訓練學生其解題思路，但是眾多學子宥於現實問題的困惑，無法單純用純粹的解題思路來進行學習與訓練，反而以現實中的複雜來反駁老師教學太過學理，沒有實務上的應用為由，拒絕深入學習，這樣的情形，反而自己造成了學習上的障礙。

本系列的書籍，針對目前學習上的盲點，希望讀者當一位產品駭客，將現有產品的產品透過逆向工程的手法，進而了解核心控制系統之軟硬體，再透過簡單易學的 Arduino 單晶片與 C 語言，重新開發出原有產品，進而改進、加強、創新其原有產品固有思維與架構。如此一來，因為學子們進行『重新開發產品』過程之中，可以很有把握的了解自己正在進行什麼，對於學習過程之中，透過實務需求導引著開發過程，可以讓學子們讓實務產出與邏輯化思考產生關連，如此可以一掃過去陰霾，更踏實的進行學習。

這六年多以來的經驗分享，逐漸在這群學子身上看到發芽，開始成長，覺得 Maker 的教育方式，極有可能在未來成為教育的主流，相信我每日、每月、每年不斷的努力之下，未來 Maker 的教育、推廣、普及、成熟將指日可待。

最後，請大家可以加入 Maker 的 Open Knowledge 的行列。

曹永忠 於貓咪樂園

目 錄

自序... ii

目 錄.. iv

工業 4.0 系列.. - 1 -

改造故事... - 3 -

開發版介紹... - 5 -

    Arduino 硬體-Mega 2560 .... - 5 -

LCD 顯示螢幕.. - 8 -

    LCD 1602.. - 8 -

    LCD 2004.. - 15 -

    LCD 1602 I^{2}C 版 .... - 22 -

    LCD 2004 I^{2}C 版 .... - 26 -

    LCD 函數用法.. - 30 -

    章節小結.. - 33 -

溫度感測... - 35 -

    熱敏電阻.. - 35 -

    LM35 溫度感測器 .... - 36 -

    溫度感測模組(LM35) .... - 37 -

    白金感溫電阻.. - 41 -

    MAX6675 K 型熱電偶感測器 .... - 43 -

    DS18B20 數位溫度感測器 .... - 46 -

    DallasTemperature 函式庫介紹.. - 52 -

    章節小結.. - 53 -

矩陣鍵盤... - 55 -

    薄膜矩陣鍵盤模組.. - 55 -

    矩陣鍵盤函式說明.. - 60 -

    使用矩陣鍵盤輸入數字串.. - 66 -

章節小結 .... - 72 -

整合開發 .... - 74 -

第一代滾筒烘豆機 .... - 74 -

第二代滾筒烘豆機 .... - 93 -

實體展示 .... - 102 -

系統整合開發 .... - 102 -

章節小結 .... - 127 -

活動介紹 .... - 128 -

2018.1107 創客-滾筒烘豆機 .... - 128 -

2018.1117 生活創意王：烤箱也能化身為烘豆機 .... - 131 -

2018.1127 烤箱化身為烘咖啡豆機 .... - 150 -

2018.1207 創客智造節 AIoT 智慧城市創客培育工作坊 .... - 160 -

章節小結 .... - 167 -

本書總結 .... - 168 -

作者介紹 .... - 169 -

附錄 .... - 170 -

Arduino Mega 2560 腳位圖 .... - 170 -

Arduino UNO 腳位圖 .... - 171 -

Arduino Leonardo 腳位圖 .... - 172 -

Arduino NANO 腳位圖 .... - 173 -

EUPA 遠紅外線低脂旋風烘烤爐(TSK-K1092) .... - 174 -

創客智造節 AIoT 智慧城市活動型錄 .... - 211 -

參考文獻 .... - 212 -

工業 4.0 系列

　　近年來，工業 4.0 成為當紅炸子雞，但是許多人還是不懂工業 4.0 帶來的意義為何，簡單的說，就是大量運用自動化機器人、感測器物聯網、供應鏈網路、將整個生產過程與機械製造，透過不同的感測器，將生產過程所有變化進行資料記錄之後，可將其資料進行生產資料之大數據分析…等等，進而透過自動化、人機協作等方式提升製造價值鏈之生產力及品質提升。

　　本書是『工業 4.0 系列』介紹流程雲端化的一本書，主要在工業流程控制系統開發中，我們可以發現，溫度控制是產品自動化的一環中最常見到的一個控制項目，作者因緣際會遇到透過溫度控制的技術手法，本書就是要使用市售的 EUPA 遠紅外線低脂旋風烘烤爐，將之改造可程式控制的咖啡豆烘烤機，並本文中有許多教授、推廣這些推廣技術的活動紀錄，由於筆者最近較忙，直到今日才能將開發經驗、技術與活動得以付梓，也有賴大家的協助與幫忙，筆者不勝感激。

1

CHAPTER

改造故事

本書的起源，是國立暨南國際大學電機工程學系在校內科一館五樓建立創客教室，郭耀文教授(網址: https://www.ee.ncnu.edu.tw/introduction/faculty，https://sites.google.com/site/yawwenkuo/)，近年來，一直推廣創客教育，以本校埔里區的推廣基礎，往全國各地推廣，整個故事起源起國立基隆高中楊志忠老師在 ProjectPlus 網站，看到國立暨南國際大學電機工程學系郭耀文教授發表的一篇文章：【智慧烘焙】滾筒烘豆機(參考下圖)，網址: https://projectplus.cc/Projects/baked_bean_machine/，發掘這樣的東西對該校與基隆市高中老師具有教學與創作的教育意義，於是邀請國立暨南國際大學電機工程學系郭耀文教授在 2018 年 11 月 7 日到該校，如下圖所示，舉辦一場創客教學滾筒烘豆機烘咖啡豆機」，供該校基隆市高中教職員與學生參加。

圖 1 EUPA 遠紅外線低脂旋風烘烤爐

資料來源： EUPA 遠紅外線低脂旋風烘烤爐賣場: http://www.tkec.com.tw/ptview.aspx?pidqr=125451

2
CHAPTER

開發版介紹

Arduino 硬體-Mega 2560

可以說是 Arduino 巨大版： Arduino Mega2560 REV3 是 Arduino 官方最新推出的 MEGA 版本。功能與 MEGA1280 幾乎是一模一樣，主要的不同在於 Flash 容量從 128KB 提升到 256KB，比原來的 Atmega1280 大。

Arduino Mega2560 是一塊以 ATmega2560 為核心的微控制器開發板，本身具有 54 組數位 I/O input/output 端（其中 14 組可做 PWM 輸出），16 組模擬比輸入端，4 組 UART（hardware serial ports），使用 16 MHz crystal oscillator。由於具有 bootloader，因此能夠通過 USB 直接下載程式而不需經過其他外部燒入器。供電部份可選擇由 USB 直接提供電源，或者使用 AC-to-DC adapter 及電池作為外部供電。

由於開放原代碼，以及使用 Java 概念（跨平臺）的 C 語言開發環境，讓 Arduino 的周邊模組以及應用迅速的成長。而吸引 Artist 使用 Arduino 的主要原因是可以快速使用 Arduino 語言與 Flash 或 Processing…等軟體通訊，作出多媒體互動作品。Arduino 開發 IDE 介面基於開放原代碼原則，可以讓您免費下載使用於專題製作、學校教學、電機控制、互動作品等等。

電源設計

Arduino Mega2560 的供電系統有兩種選擇，USB 直接供電或外部供電。電源供應的選擇將會自動切換。外部供電可選擇 AC-to-DC adapter 或者電池，此控制板的極限電壓範圍為 6V~12V，但倘若提供的電壓小於 6V，I/O 口有可能無法提供到 5V 的電壓，因此會出現不穩定；倘若提供的電壓大於 12V，穩壓裝置則會有可能發生過熱保護，更有可能損壞 Arduino MEGA2560。因此建議的操作供電為 6.5~12V，推薦電源為 7.5V 或 9V。

系統規格

- 控制器核心：ATmega2560
- 控制電壓：5V
- 建議輸入電(recommended)：7-12 V
- 最大輸入電壓 (limits)：6-20 V
- 數位 I/O Pins：54 (of which 14 provide PWM output)
- UART:4 組
- 類比輸入 Pins：16 組
- DC Current per I/O Pin：40 mA
- DC Current for 3.3V Pin：50 mA
- Flash Memory：256 KB of which 8 KB used by bootloader
- SRAM：8 KB
- EEPROM：4 KB
- Clock Speed：16 MHz

圖 2 Arduino Mega2560 開發板外觀圖

3

CHAPTER

LCD 顯示螢幕

由於許多電子線路必須將內部的狀態資訊顯示到可見的裝置，供使用者讀取資訊，方能夠繼續使用，所以我們必須提供一個可以顯示電子線路內在資訊的顯示介面，通常我們使用一個獨立的顯示螢幕，使我們的設計更加完整。

LCD 1602

為了達到這個目的，先行介紹 Arduino 開發板常用 LCD 1602 ，常見的 LCD 1602 是和日立的 HD44780[1] 相容的 2x16 LCD ，可以顯示兩行資訊，每行 16 個字元，它可以顯示英文字母、希臘字母、標點符號以及數學符號。

除了顯示資訊外，它還有其它功能，包括資訊捲動(往左和往右捲動)、顯示游標和 LED 背光的功能，但是有一些廠商為了降低售價，取消其 LED 背光的功能。

如下圖所示，大部分的 LCD 1602 都配備有背光裝置，所以大部份具有 16 個腳位，可以參考下表所示，可以更深入了解其接腳功能與定義(曹永忠, 許智誠, & 蔡英德, 2015a, 2015b, 2015e, 2015f, 2015g, 2015h, 2015i, 2015j; 曹永忠, 許碩芳, 許智誠, & 蔡英德, 2015)：

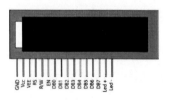

圖 3 LCD1602 接腳

---

[1] Hitachi HD44780 LCD controller is one of the most common dot matrix liquid crystal display (LCD) display controllers available. Hitachi developed the microcontroller specifically to drive alphanumeric LCD display with a simple interface that could be connected to a general purpose microcontroller or microprocessor

表 1 LCD1602 接腳說明表

接腳	接腳說明	接腳名稱
1	Ground (0V)	接地 (0V)
2	Supply voltage; 5V (4.7V － 5.3V)	電源 (+5V)
3	Contrast adjustment; through a variable resistor	螢幕對比(0-5V)，可接一顆 1k 電阻到地線，或使用可變電阻調整適當的對比(請參考分壓線路) **請參考下圖分壓線路**
4	Selects command register when low; and data register when high	Register Select: 1: D0 － D7 當作資料解釋 0: D0 － D7 當作指令解釋
5	Low to write to the register; High to read from the register	Read/Write mode: 1: 從 LCD 讀取資料 0: 寫資料到 LCD 因為很少從 LCD 這端讀取資料，可將此腳位接地以節省 I/O 腳位。 ***若不使用此腳位，請接地**
6	Sends data to data pins when a high to low pulse is given	Enable
7		Bit 0 LSB
8		Bit 1
9		Bit 2
10	8-bit data pins	Bit 3
11		Bit 4
12		Bit 5
13		Bit 6
14		Bit 7 MSB
15	Backlight Vcc (5V)	背光(串接 330 R 電阻到電源)
16	Backlight Ground (0V)	背光(GND)

資料來源：(Guangzhou_Tinsharp_Industrial_Corp._Ltd., 2013)

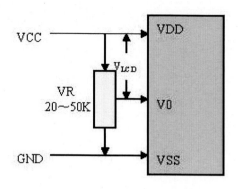

圖 4 LCD1602 對比線路(分壓線路)

　　若讀者要調整 LCD 1602 顯示文字的對比，請參考分壓線路，不可以直接連接+5V 或接地，避免 LCD 1602 或 Arduino 開發板燒毀。

　　為了讓實驗更順暢進行，先行介紹 LCD1602

(Guangzhou_Tinsharp_Industrial_Corp._Ltd., 2013) ，我們參考下圖所示，如何將 LCD 1602 與 Arduino 開發板連接起來，並可以參考下圖之接線圖，將 LCD 1602 與 Arduino 開發板進行實體線路連接，參考附錄中，LCD 1602 函式庫 單元，可以見到 LCD 1602 常用的函式庫(LiquidCrystal Library,參考網址：http://arduino.cc/en/Reference/LiquidCrystal)，若讀者希望對 LCD 1602 有更深入的了解，可以參考『Ameba 空氣粒子感測裝置設計與開發(MQTT 篇)):Using Ameba to Develop a PM 2.5 Monitoring Device to MQTT』(曹永忠, 許智誠, & 蔡英德, 2015d)、『Ameba 空气粒子感测装置设计与开发(MQTT 篇):Using Ameba to Develop a PM 2.5 Monitoring Device to MQTT』(曹永忠, 許智誠, & 蔡英德, 2015c)等書附錄中 LCD 1602 原廠資料 (Guangzhou_Tinsharp_Industrial_Corp._Ltd., 2013)，相信會有更詳細的資料介紹。

　　LCD 1602 有 4-bit 和 8-bit 兩種使用模式，使用 4-bit 模式主要的好處是節省 I/O 腳位，通訊的時候只會用到 4 個高位元 (D4-D7)，D0-D3 這四支腳位可以不用接。每個送到 LCD 1602 的資料會被分成兩次傳送 – 先送 4 個高位元資料，然後才送 4 個低位元資料。

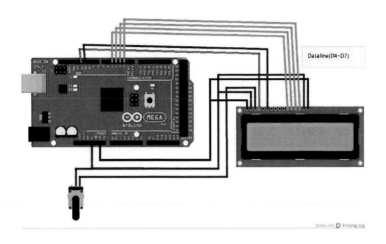

圖 5 LCD 1602 接線示意圖

使用工具 by Fritzing (Fritzing.org., 2013)

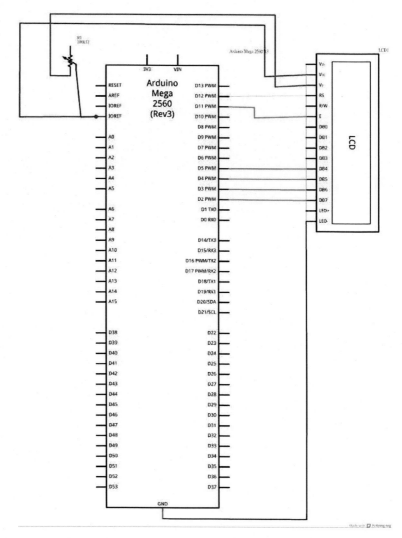

圖 6 LCD 1602 接線圖

使用工具 by Fritzing (Fritzing.org., 2013)

我們參考 Arduino 官方網站 http://arduino.cc/en/Reference/LiquidCrystal ，其連接

LCD 1602 範例程式，可以了解 Arduino 如何驅動 LCD 1602 顯示器：

表 2 LCD 1602 接腳範例圖

接腳	接腳說明	Arduino 接腳端(外部輸/入出端)
1	Ground (0V)	接地 (0V)
2	Supply voltage; 5V (4.7V – 5.3V)	電源 (+5V)
3	Contrast adjustment; through a variable resistor	螢幕對比(0-5V), 可接一顆 1k 電阻，或使用可變電阻調整適當的對比**(請參考分壓線路)(曹永忠, 許智誠, et al., 2015c, 2015d)**
4	Selects command register when low; and data register when high	Arduino digital output pin 5
5	Low to write to the register; High to read from the register	Arduino digital output pin 6
6	Sends data to data pins when a high to low pulse is given	Arduino digital output pin 7
7	Data D0	Arduino digital output pin 30
8	Data D1	Arduino digital output pin 32
9	Data D2	Arduino digital output pin 34
10	Data D3	Arduino digital output pin 36
11	Data D4	Arduino digital output pin 38
12	Data D5	Arduino digital output pin 40
13	Data D6	Arduino digital output pin 42
14	Data D7	Arduino digital output pin 44
15	Backlight V_{cc} (5V)	背光(串接 330 R 電阻到電源)
16	Backlight Ground (0V)	背光(GND)

如下表所示，為 LiquidCrystal LCD 1602 測試程式，請讀者鍵入Ｓｋｅｔｃｈ ＩＤＥ軟體，編譯完成後上傳到開發版進行測試。

表 3 LiquidCrystal LCD 1602 測試程式

LiquidCrystal LCD 1602 測試程式(lcd1602_hello)
/* LiquidCrystal Library - Hello World

```
Use a 16x2 LCD display The LiquidCrystal
library works with all LCD displays that are compatible with the
Hitachi HD44780 driver.
This sketch prints "Hello World!" to the LCD
and shows the time.
*/
// include the library code:
#include <LiquidCrystal.h>
// initialize the library with the numbers of the interface pins
LiquidCrystal lcd(5,6,7,38,40,42,44);    //ok
void setup() {
// set up the LCD's number of columns and rows:
lcd.begin(16, 2);
// Print a message to the LCD.
lcd.print("hello, world!");
}
void loop() {
lcd.setCursor(0, 1);
lcd.print(millis()/1000);    }
```

如下表所示，為 LiquidCrystal LCD 1602 測試程式二，請讀者鍵入Ｓｋｅｔｃｈ
ＩＤＥ軟體，編譯完成後上傳到開發版進行測試。

表 4 LiquidCrystal LCD 1602 測試程式二

LiquidCrystal LCD 1602 測試程式(lcd1602_mills)
#include <LiquidCrystal.h> /* LiquidCrystal display with: LiquidCrystal(rs, enable, d4, d5, d6, d7) LiquidCrystal(rs, rw, enable, d4, d5, d6, d7)
LiquidCrystal(rs, enable, d0, d1, d2, d3, d4, d5, d6, d7) LiquidCrystal(rs, rw, enable, d0, d1, d2, d3, d4, d5, d6, d7) R/W Pin Read = LOW / Write = HIGH   // if No pin connect RW , please leave R/W Pin for Low State

```
Parameters
*/
LiquidCrystal lcd(5,6,7,38,40,42,44);     //ok

void setup()
{
  Serial.begin(9600);
  Serial.println("start LCM 1604");
  //   pinMode(11,OUTPUT);
  //   digitalWrite(11,LOW);
  lcd.begin(16, 2);
  // 設定 LCD 的行列數目 (16 x 2)   16  行 2  列
  lcd.setCursor(0,0);
  // 列印 "Hello World" 訊息到 LCD 上
  lcd.print("hello, world!");
  Serial.println("hello, world!");
}

void loop()
{
  // 將游標設到   第一行,   第二列
  // (注意:   第二列第五行,因為是從 0 開始數起):
  lcd.setCursor(5, 2);
  // 列印 Arduino 重開之後經過的秒數
  lcd.print(millis()/1000);
  Serial.println(millis()/1000);
  delay(200);
}
```

LCD 2004

為了達到這個目的,先行介紹 Arduino 開發板常用 LCD 2004 ,常見的 LCD 2004 是 SPLC780D 驅動 IC,類似 LCD 1602 驅動 IC HD44780(可參考 LCD 1602 一

章)，可以顯示四行資訊，每行 20 個字元，它可以顯示英文字母、希臘字母、標點符號以及數學符號。

除了顯示資訊外，它還有其它功能，包括資訊捲動(往左和往右捲動)、顯示游標和 LED 背光的功能，但是有一些廠商為了降低售價，取消其 LED 背光的功能。

如下圖所示，大部分的 LCD 2004 都配備有背光裝置，所以大部份具有 16 個腳位，因為其需要占住 RS/Enable 兩個控制腳位與 D0~D7 八個資料腳位或 D4~D7 四個資料腳位，所以有許多廠商開發出 I2C 的版本，可參考下下圖所示，可以省下至少四個以上的腳位。對於接腳資料，可以參考下表所示，LCD 2004 的腳位與 LCD 1602 腳位相容，讀者可以更深入了解其接腳功能與定義：

圖 7 LCD 2004 外觀圖

圖 8 LCD 2004 I2C 版本

表 5 LCD 2004 接腳說明表

接腳	接腳說明	接腳名稱
1	Ground (0V)	接地 (0V)
2	Supply voltage; 5V (4.7V － 5.3V)	電源 (+5V)

接腳	接腳說明	接腳名稱
3	Contrast adjustment; through a variable resistor	螢幕對比(0-5V), 可接一顆 1k 電阻，或使用可變電阻調整適當的對比(請參考分壓線路) **請參考下圖分壓線路(曹永忠, 許智誠, et al., 2015c, 2015d)**
4	Selects command register when low; and data register when high	Register Select: 1: D0 － D7 當作資料解釋 0: D0 － D7 當作指令解釋
5	Low to write to the register; High to read from the register	Read/Write mode: 1: 從 LCD 讀取資料 0: 寫資料到 LCD 因為很少從 LCD 這端讀取資料，可將此腳位接地以節省 I/O 腳位。 *****若不使用此腳位，請接地**
6	Sends data to data pins when a high to low pulse is given	Enable
7		Bit 0 LSB
8		Bit 1
9		Bit 2
10	8-bit data pins	Bit 3
11		Bit 4
12		Bit 5
13		Bit 6
14		Bit 7 MSB
15	Backlight Vcc (5V)	背光(串接 330 R 電阻到電源)
16	Backlight Ground (0V)	背光(GND)

資料來源：SHENZHEN EONE ELECTRONICS CO.,LTD，下載位址：

ftp://imall.iteadstu-

dio.com/IM120424018_EONE_2004_Characters_LCD/SPE_IM120424018_EONE_2004_Characters_LCD.pdf

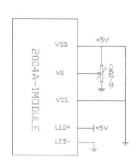

圖 9 LCD2004 對比線路(分壓線路)

若讀者要調 LCD 2004 顯示文字的對比,請參考分壓線路,不可以直接連接 +5V 或接地,避免 LCD 2004 或 Arduino 開發板損壞。

為了讓實驗更順暢進行,先行介紹 LCD 2004,我們參考下表所示,如何將 LCD 2004 與 Arduino 開發板連接起來(與 LCD 1602 相同接法),將 LCD 2004 與 Arduino 開發板進行實體線路連接,參考本文 LCD 1602 函式庫單元(LCD 2004 函式庫與函式庫共用),可以見到 LCD 2004(相容於 LCD 1602)常用的函式庫(LiquidCrystal Library,參考網址:http://arduino.cc/en/Reference/LiquidCrystal),若讀者希望對 LCD 2004 有更深入的了解,可以參考附錄中 LCD 2004 原廠資料(SHENZHEN EONE ELECTRONICS CO.,LTD,下載位址:

ftp://imall.iteadstu-dio.com/IM120424018_EONE_2004_Characters_LCD/SPE_IM120424018_EONE_2004_Characters_LCD.pdf),相信會有更詳細的資料介紹。

LCD 2004 有 4-bit 和 8-bit 兩種使用模式,使用 4-bit 模式主要的好處是節省 I/O 腳位,通訊的時候只會用到 4 個高位元 (D4-D7),D0-D3 這四支腳位可以不用接。每個送到 LCD 2004 的資料會被分成兩次傳送 – 先送 4 個高位元資料,然後才送 4 個低位元資料。

我們參考 Arduino 官方網站 http://arduino.cc/en/Reference/LiquidCrystal ,其連

接 LCD 1602 範例程式，可以見到 Arduino 如何驅動 LCD 2004 顯示器：

表 6 LCD LCD 2004 範例桗腳圖

接腳	接腳說明	Arduino 接腳端(外部輸/入出端)
1	Ground (0V)	接地 (0V)
2	Supply voltage; 5V (4.7V – 5.3V)	電源 (+5V)
3	Contrast adjustment; through a variable resistor	螢幕對比(0-5V), 可接一顆 1k 電阻，或使用可變電阻調整適當的對比 (請參考分壓線路)(曹永忠, 許智誠, et al., 2015c, 2015d)
4	Selects command register when low; and data register when high	Arduino digital output pin 5
5	Low to write to the register; High to read from the register	Arduino digital output pin 6
6	Sends data to data pins when a high to low pulse is given	Arduino digital output pin 7
7	Data D0	Arduino digital output pin 30
8	Data D1	Arduino digital output pin 32
9	Data D2	Arduino digital output pin 34
10	Data D3	Arduino digital output pin 36
11	Data D4	Arduino digital output pin 38
12	Data D5	Arduino digital output pin 40
13	Data D6	Arduino digital output pin 42
14	Data D7	Arduino digital output pin 44
15	Backlight V_{cc} (5V)	背光(串接 330 R 電阻到電源)
16	Backlight Ground (0V)	背光(GND)

　　如下表所示，為 LiquidCrystal LCD 2004 測試程式，請讀者鍵入Ｓｋｅｔｃｈ
ＩＤＥ軟體，編譯完成後上傳到開發版進行測試。

表 7 LiquidCrystal LCD 2004 測試程式

LiquidCrystal LCD 2004 測試程式(lcd2004_hello)
#include <LiquidCrystal.h>

```
/* LiquidCrystal display with:

LiquidCrystal(rs, enable, d4, d5, d6, d7)
LiquidCrystal(rs, rw, enable, d4, d5, d6, d7)
LiquidCrystal(rs, enable, d0, d1, d2, d3, d4, d5, d6, d7)
LiquidCrystal(rs, rw, enable, d0, d1, d2, d3, d4, d5, d6, d7)
R/W Pin Read = LOW / Write = HIGH      // if No pin connect RW , please leave R/W
Pin for Low State

Parameters
*/

LiquidCrystal lcd(5,6,7,38,40,42,44);      //ok

void setup()
{
  Serial.begin(9600);
  Serial.println("start LCM2004");
//   pinMode(11,OUTPUT);
//   digitalWrite(11,LOW);
lcd.begin(20, 4);
// 設定 LCD 的行列數目 (4 x 20)
  lcd.setCursor(0,0);
    // 列印 "Hello World" 訊息到 LCD 上
lcd.print("hello, world!");
    Serial.println("hello, world!");
}

void loop()
{
// 將游標設到 column 0, line 1
// (注意: line 1 是第二行(row)，因為是從 0 開始數起):
lcd.setCursor(0, 1);
// 列印 Arduino 重開之後經過的秒數
lcd.print(millis()/1000);
  Serial.println(millis()/1000);
delay(200);
```

```
}
```

程式來源: https://github.com/brucetsao/eCoffee

如下表所示，為 LiquidCrystal LCD 2004 測試程式二，請讀者鍵入Ｓｋｅｔｃｈ

ＩＤＥ軟體，編譯完成後上傳到開發版進行測試。

表 8　LiquidCrystal LCD 2004 測試程式二

LiquidCrystal LCD 2004 測試程式(lcd2004_mills)

#include <LiquidCrystal.h>
 	
/* LiquidCrystal display with:
 	
 LiquidCrystal(rs, enable, d4, d5, d6, d7)
 LiquidCrystal(rs, rw, enable, d4, d5, d6, d7)
 LiquidCrystal(rs, enable, d0, d1, d2, d3, d4, d5, d6, d7)
 LiquidCrystal(rs, rw, enable, d0, d1, d2, d3, d4, d5, d6, d7)
 R/W Pin Read = LOW / Write = HIGH　　// if No pin connect RW , please leave R/W
Pin for Low State
 	
 Parameters
 */
LiquidCrystal lcd(5,6,7,38,40,42,44);　　//ok
//
void setup()
{
  Serial.begin(9600);
  Serial.println("start LCM2004");
  //　pinMode(11,OUTPUT);
  //　digitalWrite(11,LOW);
  lcd.begin(20, 4);
  // 設定 LCD 的行列數目 (16 x 2)　16　行 2　列
  lcd.setCursor(0,0);
  // 列印 "Hello World" 訊息到 LCD 上
  lcd.print("hello, world!");
  Serial.println("hello, world!");

```
}

void loop()
{
  // 將游標設到    第一行,    第二列
  // (注意:    第二列第五行,因為是從 0 開始數起):
  lcd.setCursor(5, 2);
  // 列印 Arduino 重開之後經過的秒數
  lcd.print(millis()/1000);
      Serial.println(millis()/1000);
      delay(200);
    }
```

程式來源: https://github.com/brucetsao/eCoffee

LCD 1602 I^{2}C 版

由上節看到,LCD1602 顯示模組共有 16 個腳位,去掉背光電源,電力,對白訊號等五條線,還有 11 個腳位需要接,對於微小的開發板,如 Pro Mini、Arduino Atiny、Arduino LilyPads...等,這樣的腳位數,似乎太多了,所以筆者介紹 LCD 1602 I^{2}C 版(如下圖所示)。

| (a). LCD1602 正面圖 | (b). LCD 1602 I^{2}C 轉接板 | (c).LCD 1602 I^{2}C 板 |

圖 10 LCD 1602 I^{2}C 板

如下圖所示,其實 LCD 1602 I2C 板是由標準 LCD 1602(如上圖.(a)所示),加上 LCD 1602 I2C 轉接板(如上圖.(b)所示),所組合出來的 LCD 1602 I2C 板(如上圖.(c)所

示)，讀者可以先買標準 LCD 1602(如上圖.(a)所示)，有需要的時後在買轉接板(如上圖.(b)所示)，就可以組合成如下圖所示的成品。

圖 11 LCD 1602 I2C 零件表

圖 12 LCD 1602 I2C 組合圖

為了讓實驗更順暢進行，先參考下圖所示之 LCD 1602 I2C 接腳表，將 LCD 1602 I2C 板與 Arduino 開發板進行實體線路連接，參考本文 LCD 1602 函式庫 單元，可以見到 LCD 1602 I2C 常用的函式庫 (LiquidCrystal Library, 參考網址：http://arduino.cc/en/Reference/LiquidCrystal ， http://playground.arduino.cc/Code/LCDi2c)。

表 9 LiquidCrystal Library API 相容表

Library	Displays Supported	Verified API	Connection
LCDi2cR	Robot-Electronics	Y	i2c

LCDi2cW	web4robot.com	Y	i2c
LiquidCrystal	Generic HitachiHD44780	P	4, 8 bit
LiquidCrystal_I2C	PCF8574drivingHD44780	Y	I2C
LCDi2cNHD	NewHavenDisplayI2CMode	Y	i2c
ST7036 Lib	GenericST7036LCD controller	Y	i2c

資料來源：Arduino 官網：http://playground.arduino.cc/Code/LCDAPI

由於不同種類的 Arduino 開發板，其 I2C/ TWI 接腳也略有不同，所以讀者可以參考下表所示之 Arduino 開發板 I2C/ TWI 接腳表，在根據下下表所示之 LCD 1602 I2C 測試程式的內容，進行硬體接腳的修正，至於軟體部份，Arduino 軟體原始碼的部份，則不需要修正。

表 10 Arduino 開發板 I2C/ TWI 接腳表

開發板種類	I2C/ TWI 接腳表
Uno, Ethernet	A4 (SDA), A5 (SCL)
Mega2560	20 (SDA), 21 (SCL)
Leonardo	2 (SDA), 3 (SCL)
Due	20 (SDA), 21 (SCL),SDA1,SCL1

我們參考 Arduino 官方網站 http://arduino.cc/en/Reference/LiquidCrystal ，其連接 LCD 1602 範例程式，可以了解 Arduino 如何驅動 LCD 1602 顯示器：

表 11 LCD 1602 I2C 接腳表

接腳	接腳說明	Arduino 接腳端(外部輸/入出端)
1	Ground (0V)	接地 (0V) Arduino GND
2	Supply voltage; 5V (4.7V － 5.3V)	電源 (+5V) Arduino +5V
3	SDA	Arduino digital Pin20(SDA)
4	SCL	Arduino digital Pin21(SCL)

接腳	接腳說明	Arduino 接腳端(外部輸/入出端)

　　如下表所示，為 LCD 1602 I2C 測試程式，請讀者鍵入Ｓｋｅｔｃｈ　ＩＤＥ 軟體，編譯完成後上傳到開發版進行測試。

表 12 LCD 1602 I2C 測試程式

LCD 1602 I2C 測試程式(lcd1602_I2C_mill)

```
//Compatible with the Arduino IDE 1.0
//Library version:1.1
#include <Wire.h>
#include <LiquidCrystal_I2C.h>

LiquidCrystal_I2C lcd(0x27, 16, 2); // set the LCD address to 0x27 for a 16 chars and 2
line display

void setup()
{
  lcd.init();                              // initialize the lcd

  // Print a message to the LCD.
  lcd.backlight();
  lcd.print("Hello, world!");
}

void loop()
{
  // 將游標設到　第一行，　第二列
  // (注意:　第二列第五行，因為是從 0 開始數起):
  lcd.setCursor(5, 1);
  // 列印 Arduino 重開之後經過的秒數
  lcd.print(millis() / 1000);
```

```
  Serial.println(millis() / 1000);
  delay(200);
}
```

程式來源: https://github.com/brucetsao/eCoffee

讀者也可以在筆者 YouTube 頻道(https://www.youtube.com/user/UltimaBruce)
中,在網址 https://www.youtube.com/watch?v=GXAplXXnVn8&feature=youtu.be,看到
本次實驗- LCD 1602 I2C 測試程式結果畫面。

當然、如下圖所示,我們可以看到 Arduino 在 LCD 1602 畫面上顯示文字情
形。

圖 13 LCD 1602 I2C 測試程式結果畫面

LCD 2004 I²C 版

由上節看到,LCD2004 顯示模組共有 16 個腳位,去掉背光電源,電力,對白
訊號等五條線,還有 11 個腳位需要接,對於微小的開發板,如 Pro Mini、Arduino
Atiny、Arduino LilyPads...等,這樣的腳位數,似乎太多了,所以筆者介紹 LCD 2004
I²C 版(如下圖所示)。

(b). LCD 2004 I²C 轉接板

(a). LCD2004 正面圖   (c).LCD 2004 I²C 板

圖 14 LCD 2004I²C 板

　　如下圖所示，其實 LCD 2004 I²C 板是由標準 LCD 1602(如上圖.(a)所示)，加上 LCD 2004 I²C 轉接板轉接板(如上圖.(b)所示)，所組合出來的 LCD 2004 I²C 板(如上圖.(c)所示)，讀者可以先買標準 LCD 1602(如上圖.(a)所示)，有需要的時後在買轉接板(如上圖.(b)所示)，就可以組合成如下圖所示的成品。

圖 15 LCD 2004 I2C 零件表

圖 16 LCD 2004 I2C 組合圖

　　為了讓實驗更順暢進行，先參考下表所示之 LCD 2004 I2C 接腳表，將 LCD 2004 I2C 板與 Arduino 開發板進行實體線路連接，參考本文 LCD 2004 函式庫 單元，可以見到 LCD 2004 I2C 常用的函式庫(LiquidCrystal Library，參考網址：http://arduino.cc/en/Reference/LiquidCrystal ，http://playground.arduino.cc/Code/LCDi2c)。

表 13 LiquidCrystal Library API 相容表

Library	Displays Supported	Verified API	Connection
LCDi2cR	Robot-Electronics	Y	i2c
LCDi2cW	web4robot.com	Y	i2c
LiquidCrystal	Generic HitachiHD44780	P	4, 8 bit
LiquidCrystal_I2C	PCF8574drivingHD44780	Y	I2C
LCDi2cNHD	NewHavenDisplayI2CMode	Y	i2c
ST7036 Lib	GenericST7036LCD controller	Y	i2c

資料來源：Arduino 官網：http://playground.arduino.cc/Code/LCDAPI

由於不同種類的 Arduino 開發板，其 I2C/ TWI 接腳也略有不同，所以讀者可以參考下表所示之 Arduino 開發板 I2C/ TWI 接腳表，在根據下下下表之 LCD 1602 I2C 測試程式的內容，進行硬體接腳的修正，至於軟體部份，Arduino 軟體原始碼的部份，則不需要修正。

表 14 Arduino 開發板 I2C/ TWI 接腳表

開發板種類	I2C/ TWI 接腳表
Uno, Ethernet	A4 (SDA), A5 (SCL)
Mega2560	20 (SDA), 21 (SCL)
Leonardo	2 (SDA), 3 (SCL)
Due	20 (SDA), 21 (SCL),SDA1,SCL1

我們參考 Arduino 官方網站 http://arduino.cc/en/Reference/LiquidCrystal ，其連接 LCD 2004 範例程式，可以了解 Arduino 如何驅動 LCD 2004 顯示器：

表 15 LCD 2004 I2C 接腳表

接腳	接腳說明	Arduino 接腳端(外部輸/入出端)
1	Ground (0V)	接地 (0V) Arduino GND
2	Supply voltage; 5V (4.7V － 5.3V)	電源 (+5V) Arduino +5V
3	SDA	Arduino digital Pin20(SDA)
4	SCL	Arduino digital Pin21(SCL)

如下表所示，為 LCD 2004 I2C 測試程式，請讀者鍵入Ｓｋｅｔｃｈ　ＩＤＥ軟體，編譯完成後上傳到開發版進行測試。

表 16 LCD 2004 I2C 測試程式

LCD 1602 I2C 測試程式(lcd2004_I2C_mill)

```
//Compatible with the Arduino IDE 1.0
//Library version:1.1
#include <Wire.h>
#include <LiquidCrystal_I2C.h>

LiquidCrystal_I2C lcd(0x27, 16, 2); // set the LCD address to 0x27 for a 16 chars and 2
line display

void setup()
{
  lcd.init();                          // initialize the lcd

  // Print a message to the LCD.
  lcd.backlight();
  lcd.print("Hello, world!");
}
```

- 29 -

```
void loop()
{
  // 將游標設到　第一行，　第二列
  // (注意:　第二列第五行，因為是從 0 開始數起):
  lcd.setCursor(5, 1);
  // 列印 Arduino 重開之後經過的秒數
  lcd.print(millis() / 1000);
  Serial.println(millis() / 1000);
  delay(200);
}
```

程式來源: https://github.com/brucetsao/eCoffee

讀者也可以在筆者 YouTube 頻道(https://www.youtube.com/user/UltimaBruce)
中，在網址 https://www.youtube.com/watch?v=GXAplXXnVn8&feature=youtu.be，看到
本次實驗- LCD 1602 I2C 測試程式結果畫面。

當然、如下圖所示，我們可以看到 Arduino 在 LCD 2004 畫面上顯示文字情
形。

圖 17 LCD 1602 I2C 測試程式結果畫面

LCD 函數用法

為了更能了解 LCD 1602/2004 的用法，本節詳細介紹了 LiquidCrystal 函式主要
的用法：

LiquidCrystal(rs, enable, d0, d1, d2, d3, d4, d5, d6, d7)

1.　指令格式 LiquidCrystal lcd 物件名稱(使用參數)

2. 使用參數個格式如下：

LiquidCrystal(rs, enable, d4, d5, d6, d7)

LiquidCrystal(rs, enable, d0, d1, d2, d3,d4, d5, d6, d7)

LiquidCrystal(rs, rw, enable, d4, d5, d6, d7)

LiquidCrystal(rs, rw, enable, d0, d1, d2, d3, d4, d5, d6, d7)

LiquidCrystal.begin(16, 2)

1. 規劃 lcd 畫面大小(行寬，列寬)

2. 指令範例：

LiquidCrystal.begin(16, 2)

解釋：將目前 lcd 畫面大小，設成二列 16 行

LiquidCrystal.setCursor(0, 1)

1. LiquidCrystal.setCursor(行位置,列位置)，行位置從 0 開始,列位置從 0 開始(Arduino 第一都是從零開始)

2. 指令範例：

LiquidCrystal.setCursor(0, 1)

解釋：將目前游標跳到第一列第一行，為兩列，每列有 16 個字元(Arduino 第一都是從零開始)

LiquidCrystal.print()

1. LiquidCrystal.print (資料)，資料可以為 char, byte, int, long, or string

2. 指令範例：

lcd.print("hello, world!");

解釋：將目前游標位置印出『hello, world!』

LiquidCrystal.autoscroll()

1. 將目前 lcd 列印資料形態，設成可以捲軸螢幕

2. 指令範例：

lcd.autoscroll();

解釋：如使用 lcd.print(thisChar); ，會將字元輸出到目前行列的位置，每輸出一個字元，行位置則加一，到第 16 字元時，若仍繼續輸出，則原有的列內的資料自動依 LiquidCrystal - Text Direction 的設定進行捲動，讓 print() 的命令繼續印出下個字元

LiquidCrystal.noAutoscroll()

1. 將目前 lcd 列印資料形態，設成不可以捲軸螢幕

2. 指令範例：

lcd.noAutoscroll();

解釋：如使用 lcd.print(thisChar); ，會將字元輸出到目前行列的位置，每輸出一個字元，行位置則加一，到第 16 字元時，若仍繼續輸出，讓 print()的因繼續印出下個字元到下一個位置，但位置已經超越 16 行，所以輸出字元看不見。

LiquidCrystal.blink()

1. 將目前 lcd 游標設成閃爍

2. 指令範例：

lcd.blink();

解釋：將目前 lcd 游標設成閃爍

LiquidCrystal.noBlink()

1. 將目前 lcd 游標設成不閃爍

2. 指令範例：

lcd.noBlink ();

解釋：將目前 lcd 游標設成不閃爍

LiquidCrystal.cursor()

1. 將目前 lcd 游標設成底線狀態

2. 指令範例：

lcd.cursor();

解釋：將目前 lcd 游標設成底線狀態

LiquidCrystal.clear()

1. 將目前 lcd 畫面清除，並將游標位置回到左上角

2. 指令範例：

lcd.clear();

解釋：將目前 lcd 畫面清除，並將游標位置回到左上角

LiquidCrystal.home()

1. 將目前 lcd 游標位置回到左上角

2. 指令範例：

lcd.home();

解釋：將目前 lcd 游標位置回到左上角

章節小結

本章節介紹 LCD 顯示螢幕，主要是讓讀者了解 Arduino 開發板如何顯示資訊到外界的顯示裝置，透過以上章節的內容，一定可以一步一步的將資訊顯示給予實作出來。

4

CHAPTER

溫度感測

熱敏電阻

熱敏電阻英文全名 Thermally Sensitive Resistance，簡稱 TSR。顧名思義，它是一種對溫度（熱）相當敏感的電阻，有時亦稱為熱阻體（Thermistor)(參考圖 18 所示)。

TSR 乃以半導體氧化物燒結而成，是一種能被大量生的產品，在一般度要求不高的溫度量測或溫度控制等場一般而言，是一種非常方便測量溫度的感測器。

首先，對於溫度測量方面，若讀者不熟悉，可以參閱拙作『Arduino 電風扇設計與製作』(曹永忠, 許智誠, & 蔡英德, 2013)，有興趣讀者可到 Google Books (https://play.google.com/store/books/author?id= 曹 永 忠) & Google Play (https://play.google.com/store/books/author?id= 曹 永 忠) 或 Pubu 電 子 書 城 (http://www.pubu.com.tw/store/ultima) 購買該書閱讀之。

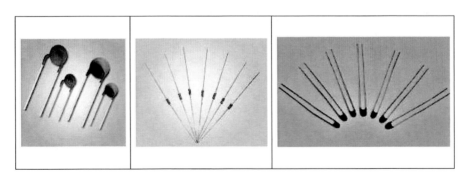

圖 18 常見熱敏電阻

首先我們先來介紹熱敏電阻(TSR)的特性：

TSR 因材質的不同，大至可分成三類，分別為正溫度係數（Positive Temperature Coefficient ：PTC)、負溫度係數（Negative Temperature Coefficient ：NTC)及臨界溫

度係數（Critical Temperature Coefficient ：CTC)等，可以參考圖 19 所示)，下列為每一種熱敏電阻(TSR)的特性的大概簡介。

- PTC：正溫度係數（Positive Temperature Coefficient)，此種 TSR 會隨溫度增加，使電阻增大。

- NTC：負溫度係數（Negative Temperature Coefficient)，此種 NTC 會隨溫度增加，使電阻減少。

- CTC：臨界溫度係數（Critical Temperature Coefficient)，只針對某一特定的溫度範圍內，該類之電阻會迅速的變化。

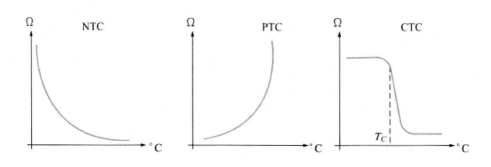

圖 19 常見熱敏電阻特性圖

LM35 溫度感測器

在溫度的量測領域中，感測溫度的方式有多種型態，依特性可概分為膨脹變化型、顏色變化型、電阻變化型、電流變化型、電壓變化型、頻率變化型…等，常見的電壓變化型的溫度感測器有 LM35 溫度感測器、其不同點為 LM35 溫度感測器之輸出電壓是與攝氏溫標呈線性關係，而 LM335 溫度感測器則是與凱氏溫標呈線性關係。由於攝氏溫標較常使用，因此本章節將針對 LM35 溫度感測器為本章主題。

温度感測模組(LM35)

LM35 溫度感測器是很常用且易用的溫度感測器元件，在元器件的應用上也只需要一個 LM35 元件，只利用一個類比介面就可以，將讀取的類比值轉換為實際的溫度，其接腳的定義，請參考下圖.(c) LM35 溫度感測器所示。

所需的元器件如下。

● 直插 LM35*1

● 麵包板*1

● 麵包板跳線*1 紮

如下圖所示，這個實驗我們需要用到的實驗硬體有下圖.(a)的 Arduino Mega 2560 與下圖.(b) USB 下載線、下圖.(c) LM35 溫度感測器、下圖.(d).LCD1602 液晶顯示器：

(a).Arduino Mega 2560	(b). USB 下載線
(c).LM35溫度感測器	(d).LCD1602液晶顯示器

圖 20 LM35 溫度感測器所需材料表

讀者可以參考下圖所示之 LM35 溫度感測連接電路圖，進行電路組立。

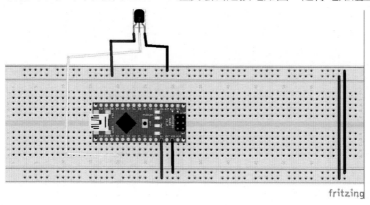

圖 21　LM35 溫度感測連接電路圖

讀者也可以參考下表之腳位說明，進行電路組立。

表 17 溫度感測模組(LM35)接腳表

接腳	接腳說明	Arduino 接腳端(外部輸/入出端)
S	Vcc	電源（+5V) Arduino +5V
2	GND	Arduino GND
3	Signal	Arduino analog Pin 0

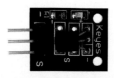

接腳	接腳說明	Arduino 接腳端(外部輸/入出端)
1	Ground (0V)	接地（0V) Arduino GND
2	Supply voltage; 5V (4.7V － 5.3V)	電源（+5V) Arduino +5V
3	SDA	Arduino SDA Pin
4	SCL	Arduino SCL Pin21

接腳	接腳說明	Arduino 接腳端(外部輸/入出端)

資料來源：Arduino 程式教學(入門篇):Arduino Programming (Basic Skills & Tricks) (曹永忠, 許智誠, et al., 2015e)

我們遵照前幾章所述，將 Arduino 開發板的驅動程式安裝好之後，我們打開 Arduino 開發板的開發工具：Sketch IDE 整合開發軟體(軟體下載請到：https://www.arduino.cc/en/Main/Software)，攥寫一段程式，如下表所示之 LM35 溫度感測器程式程式，讓 Arduino 讀取 LM35 溫度感測器程式，並把溫度顯示在監控畫面與 LCD1602 液晶顯示器上。

表 18 LM35 溫度 IC 感測器程式

LM35 溫度 IC 感測器程式(LM35)

// include the library code:
#include <Wire.h>
#include <LiquidCrystal_I2C.h>
// initialize the library with the numbers of the interface Pins
LiquidCrystal_I2C lcd(0x27, 16, 2); // set the LCD address to 0x27 for a 16 chars and 2 line display
 	
int potPin = 0; //定義類比介面 0 連接 LM35 溫度感測器
void setup()
{
Serial.begin(9600);//設置串列傳輸速率
  // set up the LCD's number of columns and rows:
  lcd.begin(16, 2);
  // Print a message to the LCD.
 	
}
void loop()
{

```
int val;//定義變數
int dat;//定義變數
val=analogRead(0);// 讀取感測器的模擬值並賦值給 val
dat=(125*val)>>8;//溫度計算公式
Serial.print("Tep:");//原樣輸出顯示 Tep 字串代表溫度
Serial.print(dat);//輸出顯示 dat 的值
Serial.println("C");//原樣輸出顯示 C 字串
  // set the cursor to column 0, line 1
   // (note: line 1 is the second row, since counting begins with 0):
   lcd.setCursor(0, 1);
     lcd.print("Tep:");
     lcd.print(dat);
     lcd.print(" .C");
delay(500);//延時 0.5 秒
}
```

程式來源: https://github.com/brucetsao/eCoffee

讀者也可以在作者 YouTube 頻道

(https://www.youtube.com/user/UltimaBruce) 中，在網址

https://www.youtube.com/watch?v=rTk5gCBfYI4&feature=youtu.be，看到本次實驗-

LM35 溫度感測器程式結果畫面。

當然、如下圖所示，我們可以看到 LM35 溫度感測器程式結果畫面。

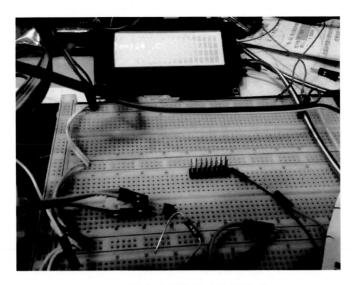

圖 22 LM35 溫度感測器程式結果畫面

白金感溫電阻

白金感溫電阻(PT100)具有高精確度及高安定性，在-200℃~600℃之間亦有很好的線性度。一般而言，白金感溫電阻(PT100)感溫電阻在低溫-200℃~-100℃間其溫度係數較大；在中溫 100℃~300℃間有相當良好的線性特性；而在高溫 300℃~500℃間其溫度係數則變小。由於在 0℃時，白金感溫電阻(PT100)電阻值為 100Ω，已被視為金屬感溫電阻的標準規格。

白金感溫電阻(PT100)感溫電阻使用時應避免工作電流太大，以減低自體發熱，因此可限制其額定電流在 2 mA 以下。由於白金感溫電阻(PT100)自體發熱 1mW 約會造成 0.02℃~0.75℃的溫度變化量，所以降低白金感溫電阻(PT100)的電流亦可降低其溫度變化量。然而，若電流太小，則易受雜訊干擾，所以一般白金感溫電阻(PT100)之電流以限制在 0.5mA~2mA 間為宜。

圖 23 三線式白金感溫電阻(PT100)一覽圖

白金感溫電阻(PT100)感溫電阻值與溫度間之關係式，可表亦為：

(2)低溫-200℃~0℃間：

方程式 1 白金感溫電阻(PT100) 低溫電阻值與溫度間之關係式

$$R(T) = R(0) \bullet [1 + 3.90802 \times 10^{-3} \bullet T - 0.580195 \times 10^{-6} \bullet T^2 - 4.27350 \times 10^{-12} \bullet (T-100)T^3]$$

(2)高溫 0℃~500℃間：

方程式 2 白金感溫電阻(PT100) 高溫電阻值與溫度間之關係式

$$R(T) = R(0) \bullet [1 + 3.90802 \times 10^{-3} \bullet T - 0.580195 \times 10^{-6} \bullet T^2$$

而對於白金 Pt102 感溫電阻與溫度間之關係式，由於其在 0℃時之電阻值為

$$R(0) = 10 \times 10^2 = 1K$$

故 白 金 感 溫 電 阻 (PT100) 電 阻 值 與 溫 度 間 之 關 係 式 為 ：

$$R(T) \approx 1k\Omega + 3.90802\,\Omega / ℃ \cdot T \ ℃$$

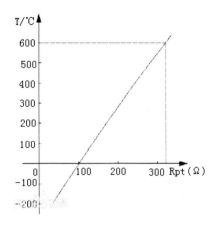

圖 24 PT100 溫度阻值表(重畫)

資料來源：百度百科：http://baike.baidu.com/view/1299879.htm

MAX6675 K 型熱電偶感測器

為了可以使用 K 型熱電偶感測器，我們使用如圖 25 所示之 Max6675 整合型的晶片來處理 K 型熱電偶感測器，我們依照如表 19 將 MAX6675 K 型熱電偶感測器模組電路組立。

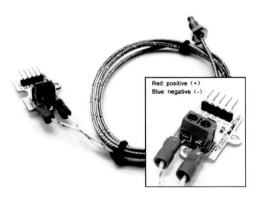

圖 25 MAX6675 K 型熱電偶感測器模組

表 19 MAX6675 K 型熱電偶感測器接腳表

模組接腳		Arduino 開發板接腳	解說
max6675(PT100)	VCC	Arduino +5V	
	GND	Arduino GND(共地接點)	
	SO(Signal Out)	Arduino Pin 8	
	CS(Chip Select)	Arduino Pin 9	
	SCK(System Clock(	Arduino Pin 10	

完成 Arduino 開發板與 MAX6675 K 型熱電偶感測器模組連接之後,將下列表 22 之 max6675 溫度感測模組測試程式一鍵入 Arduino Sketch 之中,完成編譯後,上載到 Arduino 開發板進行測試,可以見到每隔一秒鐘(delay(2000)),可以看到讀取到溫度的資料。

表 20 max6675 溫度感測模組測試程式一

max6675 溫度感測模組測試程式一(max6675_test01)
#include <OneWire.h> #include <DallasTemperature.h> // Arduino 數位腳位 2 接到 1-Wire 裝置 #define ONE_WIRE_BUS 2
// 運用程式庫建立物件 OneWire oneWire(ONE_WIRE_BUS); DallasTemperature sensors(&oneWire);

max6675 溫度感測模組測試程式一(max6675_test01)

```
void setup(void)
{
  Serial.begin(9600);
  Serial.println("Temperature Sensor");
  // 初始化
  sensors.begin();
}

void loop(void)
{
  // 要求匯流排上的所有感測器進行溫度轉換
  sensors.requestTemperatures();

  // 取得溫度讀數（攝氏）並輸出，
  // 參數 0 代表匯流排上第 0 個 1-Wire 裝置
  Serial.println(sensors.getTempCByIndex(0));

  delay(2000);
}
```

程式來源: https://github.com/brucetsao/eCoffee

　　由圖 26 所示，可以看到透過 MAX6675 K 型熱電偶感測器模組可以讀取到外界溫度，並且該溫度式非常準確的溫度。

圖 26 max6675 溫度感測模組測試程式一畫面

DS18B20 數位溫度感測器

　　DS18B20 溫度感測模組提供 高達 9 位元溫度準確度來顯示物品的溫度。而溫度的資料只需將訊號經過單線串列送入 DS18B20 或從 DS18B20 送出，因此從中央處理器到 DS18B20 僅需連接一條線（和地）(如圖 27 所示)。

　　DS18B20 溫度感測模組讀、寫和完成溫度變換所需的電源可以由數據線本身提供，而不需要外部電源。因為每一個 DS18B20 溫度感測模組有唯一的系列號（silicon serial number），因此多個 DS18B20 溫度感測模組可以存在於同一條單線總線上。這允許在許多不同的地方放置 DS18B20 溫度感測模組。

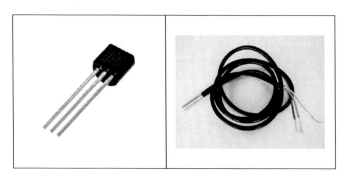

圖 27 DS-18B20 數位溫度感測器

DS-18B20 數位溫度感測器特性介紹

1. DS18B20 的主要特性

● 適應電壓範圍更寬，電壓範圍：3.0～5.5V，在寄生電源方式下可由數 據
線供電

● 獨特的單線介面方式，DS18B20 在與微處理器連接時僅需要一條口線即
可實現微處理器與 DS18B20 的

2. 雙向通訊

● DS18B20 支援多點組網功能，多個 DS18B20 可以並聯在唯一的三線上，
實現組網多點測溫

● DS18B20 在使用中不需要任何週邊元件，全部傳感元件及轉換電路集成在
形如一只三極管的積體電路內

● 可測量溫度範圍為－55℃～＋125℃，在-10～+85℃時精度為±0.5℃

● 程式讀取的解析度為 9～12 位元，對應的可分辨溫度分別為 0.5℃、0.25
℃、0.125℃和 0.0625℃，可達到高精度測溫

● 在 9 位元解析度狀態時，最快在 93.75ms 內就可以把溫度轉換為數位資
料，在 12 位元解析度狀態時，最快在 750ms 內把溫度值轉換為數位資料，
速度更快

● 測量結果直接輸出數位溫度信號，只需要使用一條線路的資料匯流排，使
用串列方式傳送給微處理機，並同時可傳送 CRC 檢驗碼，且具有極強的
抗干擾除錯能力

● 負壓特性：電源正負極性接反時，晶片不會因發熱而燒毀， 只是不能正常
工作。

3. DS18B20 的外形和內部結構

- DS18B20 內部結構主要由四部分組成：64 位元 ROM 、溫度感測器、非揮發的溫度報警觸發器 TH 和 T 配置暫存器。

- DS18B20 的外形及管腳排列如圖 28 所示

4. DS18B20 接腳定義：(如圖 28 所示)

- DQ 為數位資號輸入/輸出端；

- GND 為電源地；

- VDD 為外接供電電源輸入端。

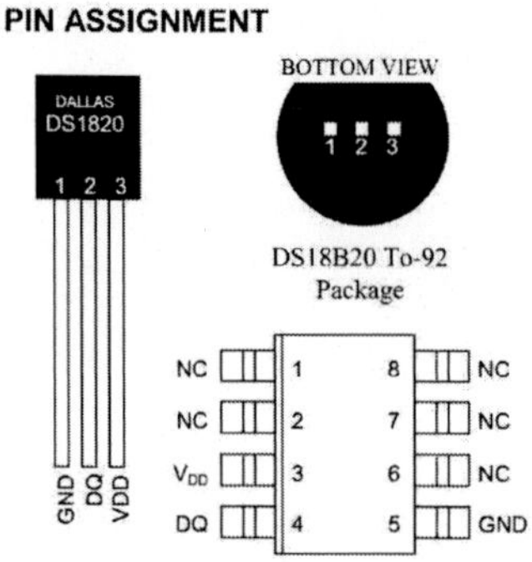

圖 28 DS18B20 腳位一覽圖

DS18B20 溫度感測模組的連接電路可以參考圖 29 與表 21 所示，進行電路組立。

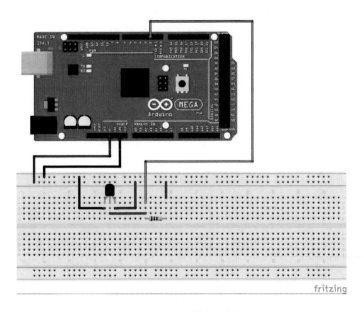

圖 29 DS18B20 範例電路圖

參考資料：Arduino 練習：溫度感測

DS18B20(http://yehnan.blogspot.tw/2013/01/arduinods18b20.html)

表 21 DS18B20 溫度感測模組接腳表

	模組接腳	Arduino 開發板接腳	解說
DS18B20	VDD(Pin 3)	Arduino +5V	
	GND(Pin 1)	Arduino GND(共地接點)	
	DQ(Pin 2)	Arduino Pin 2	
	4.7K 電阻 A 端	DQ(Pin 2)	
	4.7K 電阻 B 端	Arduino +5V	

模組接腳	Arduino 開發板接腳	解說

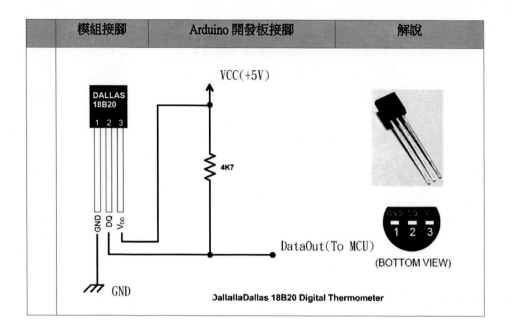

完成 Arduino 開發板與 DS18B20 溫度感測模組連接之後，將下列表 22 之 DS18B20 溫度感測模組測試程式一鍵入 Arduino Sketch 之中，完成編譯後，上載到 Arduino 開發板進行測試，可以見到每隔兩秒鐘(delay(2000))，可以看到讀取到溫度 的資料。

表 22 DS18B20 溫度感測模組測試程式一

DS18B20 溫度感測模組測試程式一(DS18B20_test01)

#include <OneWire.h>
#include <DallasTemperature.h>
 	
// Arduino 數位腳位 2 接到 1-Wire 裝置
#define ONE_WIRE_BUS 2
 	
// 運用程式庫建立物件
OneWire oneWire(ONE_WIRE_BUS);
DallasTemperature sensors(&oneWire);
 	
void setup(void)

DS18B20 溫度感測模組測試程式一(DS18B20_test01)

```
{
    Serial.begin(9600);
    Serial.println("Temperature Sensor");
    // 初始化
    sensors.begin();
}

void loop(void)
{
    // 要求匯流排上的所有感測器進行溫度轉換
    sensors.requestTemperatures();

    // 取得溫度讀數（攝氏）並輸出，
    // 參數 0 代表匯流排上第 0 個 1-Wire 裝置
    Serial.println(sensors.getTempCByIndex(0));

    delay(2000);
}
```

程式來源: https://github.com/brucetsao/eCoffee

由上圖所示，可以看到透過 DS18B20 溫度感測模組可以讀取到外界溫度，並且該溫度式非常準確的溫度。

圖 30 DS18B20 溫度感測模組測試程式一結果畫面

DallasTemperature 函式庫介紹

Arduino 開發板驅動 DS18B20 溫度感測模組，需要 DallasTemperature 函數庫，而 DallasTemperature 函數庫則需要 OneWire 函數庫，讀者可以在本書附錄中找到這些函布庫，也可以到作者 Github(https://github.com/brucetsao)網站中，在本書原始碼目錄 https://github.com/brucetsao/eWater/tree/master/Lib，下載到 DallasTemperature、OneWire 等函數庫。

下列簡單介紹 DallasTemperature 函式庫內各個函式布的解釋與用法：

- uint8_t getDeviceCount(void)，回傳 1-Wire 匯流排上有多少個裝置。

- typedef uint8_t DeviceAddress[8]，裝置的位址。

- bool getAddress(uint8_t*, const uint8_t)，回傳某個裝置的位址。

- uint8_t getResolution(uint8_t*)，取得某裝置的溫度解析度（9~12 bits，分別對應 0.5℃、0.25℃、0.125℃、0.0625℃），參數為位址。

- bool setResolution(uint8_t*, uint8_t)，設定某裝置的溫度解析度。

- bool requestTemperaturesByAddress(uint8_t*)，命令某感測器進行溫度轉換，參數為位址。

- bool requestTemperaturesByIndex(uint8_t)，同上，參數為索引值。

- float getTempC(uint8_t*)，取得溫度讀數，參數為位址。

- float getTempCByIndex(uint8_t)，取得溫度讀數，參數為索引值。

- 另有兩個靜態成員函式可作攝氏華氏轉換。

    - static float toFahrenheit(const float)

    - static float toCelsius(const float)

章節小結

　本章主要介紹之 Arduino 開發板如何使用外部的溫度感測器，如 DS18B20 溫度感測模組來量測外面世界的溫度，透過本章節的解說，相信讀者會對整合溫濕度感測器有更深入的了解與體認

5

CHAPTER

矩陣鍵盤

所有的電路設計，內部都有許多的狀態資料，如何將這些狀態資料顯示出來，我們就必須具備一個獨立的顯示螢幕與簡單的輸入按鈕，方能稱為一個完善的設計。

薄膜矩陣鍵盤模組

Arduino 開發板有許多廠家設計製造許多周邊模組商品，見圖 31 為 4*3 薄膜鍵盤模組，彷間許多廠商，為了節省體積，設計製造出如圖 32 所示之薄膜鍵盤，由於許多實驗中，都需要 0~9 的數字鍵與輸入鍵等，使用按鍵數超過十個以上，若使用單純的 Button 按鈕，恐怕會使用超過十幾個 Arduino 開發板的接腳，實在不方便，基於使用上的方便與線路簡化，本實驗採用如圖 32 所示之 4 * 4 薄膜鍵盤模組。

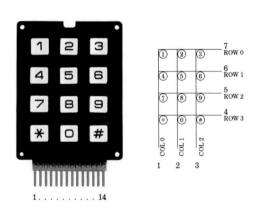

圖 31 16 鍵矩陣鍵盤外觀圖暨線路示意圖

資料來源：Arduino 官網(http://playground.arduino.cc//Main/KeypadTutorial)

為了方便，本實驗採用 4*4 薄膜鍵盤模組，下列所述為該模組之特性：

4*4 薄膜鍵盤模組規格如下：

- 大小: 6.2 x 3.5 x 0.4 inches

- 連結線長度: 3-1/3" or 85mm (include connector)

- 重量: 0.5 ounces

- 連接頭標準: Dupont 8 pins, 0.1" (2.54mm) Pitch

- Mount Style: Self-Adherence

- 最大容忍電壓與電流: 35VDC, 100mA

- Insulation Spec.: 100M Ohm, 100V

- Dielectric Withstand: 250VRms (60Hz, 1min)

- Contact Bounce: <=5ms

- 壽命: 1 million closures

- 工作溫度: -20 to +40 ℃　工作溫度: from 40,90% to 95%, 240 hours

- 可容許振動範圍: 20G, max. (10 ~~ 200Hz, the Mil-SLD-202 M204.Condition B)

4*4 薄膜鍵盤模組電氣特性如下：

- Circuit Rating: 35V (DC), 100mA, 1W

- 連接電阻值: 10Ω ~ 500Ω (Varies according to the lead lengths and different from those of the material used)

- Insulation resistance: 100MΩ 100V

- Dielectric Strength: 250VRms (50 ~ 60Hz 1min)

- Electric shock jitter: <5ms

- Life span: tactile type: Over one million times

4*4 薄膜鍵盤模組機械特性如下：

- 案件壓力: Touch feeling: 170 ~ 397g (6 ~ 14oz)

- Switch travel: Touch-type: 0.6 ~ 1.5mm

4*4 薄膜鍵盤模組環境使用特性如下：

- 工作溫度: -40 to +80

- 保存溫度: -40 to +80

- Temperature: from 40,90% to 95%, 240 hours

- Vibration: 20G, max. (10 ~~ 200Hz, the Mil-SLD-202 M204.Condition B)

圖 32 4*4 薄膜鍵盤

由表 23 所示，可以見到 4*4 薄膜鍵盤接腳圖，請依據圖 33 之 keypad 鍵盤矩陣圖與圖 34 之 keypad 鍵盤接腳圖進而推導，可以得到表 23 正確的接腳圖。

表 23 4 * 4 鍵矩陣鍵盤接腳表

4 * 4 鍵矩陣鍵盤	Arduino 開發板接腳	解說
Row1	Arduino digital input pin 23	Keypad 列接腳
Row2	Arduino digital input pin 25	
Row3	Arduino digital input pin 27	
Row4	Arduino digital input pin 29	
Col1	Arduino digital input pin 31	Keypad 行接腳
Col2	Arduino digital input pin 33	
Col3	Arduino digital input pin 35	

Col4	Arduino digital input pin 37	
LED	Arduino digital output pin 13	測試用 LED + 5V
5V	Arduino pin 5V	5V 陽極接點
GND	Arduino pin Gnd	共地接點

　　本章節為了測試 keypad shield 使用情形，使用下列程式進行 4 * 4 鍵薄膜矩陣
鍵盤，並依據圖 33 之 keypad 鍵盤矩陣圖與圖 34 之 keypad 鍵盤接腳圖，依據列接
點與行接點交點邏輯來進行程式設計並測試按鈕(Buttons)的讀取值的功能，並攥寫
如表 24 的 4 * 4 鍵矩陣鍵盤測試程式，編譯完成後上傳 Arduino 開發板，可以見圖
35 為成功的 4 * 4 鍵矩陣鍵盤測試畫面。

	Col 0	Col 1	Col 2	Col 3
Row 0	1	2	3	A
Row 1	4	5	6	B
Row 2	7	8	9	C
Row 3	*	0	#	D

圖 33 keypad 鍵盤矩陣圖

以正面來說　GFEDCBAZ

ZG 控制 A
ZF 控制 B
ZE 控制 C
ZD 控制 D

CG 控制 1　BG 控制 2　AG 控制 3
CF 控制 4　BF 控制 5　AF 控制 6
CE 控制 7　BE 控制 8　AE 控制 9
CD 控制 *　BD 控制 0　AD 控制 #

圖 34 keypad 鍵盤接腳圖

表 24 4 * 4 鍵矩陣鍵盤測試程式

4 * 4 鍵矩陣鍵盤測試程式(keypad_4_4)

```
/* @file CustomKeypad.pde
|| @version 1.0
|| @original author Alexander Brevig
|| @originalcontact alexanderbrevig@gmail.com
||   Author Bruce modified from keypad library   examples download from
http://playground.arduino.cc/Code/Keypad#Download @ keypad,zip
|| | Demonstrates changing the keypad size and key values.
|| #
*/
#include <Keypad.h>

const byte ROWS = 4; //four rows
const byte COLS = 4; //four columns
//define the cymbols on the buttons of the keypads
char hexaKeys[ROWS][COLS] = {
    {'1','2','3','A'},
    {'4','5','6','B'},
    {'7','8','9','C'},
    {'*','0','#','D'}
};
byte rowPins[ROWS] = {23, 25, 27, 29}; //connect to the row pinouts of the key-
pad
byte colPins[COLS] = {31, 33, 35, 37}; //connect to the column pinouts of the key-
pad

//initialize an instance of class NewKeypad
Keypad customKeypad = Keypad( makeKeymap(hexaKeys), rowPins, colPins,
ROWS, COLS);

void setup(){
    Serial.begin(9600);
    Serial.println("program start here");
}

void loop(){
    char customKey = customKeypad.getKey();
```

4 * 4 鍵矩陣鍵盤測試程式(keypad_4_4)

``
  if (customKey){
    Serial.println(customKey);
  }
}
``

程式來源: https://github.com/brucetsao/eCoffee

圖 35 4 * 4 鍵矩陣鍵盤測試畫面

矩陣鍵盤函式說明

為了更能了解 4 * 4 鍵矩陣鍵盤的用法，本節詳細介紹了 Keypad 函式主要的用法：

1.產生 keypad 物件方法

語法：

Keypad　keypad 物件　=　Keypad(makeKeymap(hexaKeys), rowPins, colPins, ROWS, COLS);

> 使用 makeKeymap 函數，並傳入二維 4 * 4 的字元陣列(hex-aKeys)來產生鍵盤物件

> rowPins= 儲存　連接列接腳的 byte　陣列，幾個列接點，byte 陣列就多少元素

> colPins = 儲存　連接行接腳的 byte　陣列，幾個行接點，byte 陣列就多少元素

> ROWS　：多少列數

> COLS：多少行數

指令範例：

```
#include <Keypad.h>

const byte ROWS = 4; //four rows
const byte COLS = 4; //four columns
//define the cymbols on the buttons of the keypads
char hexaKeys[ROWS][COLS] = {
    {'1','2','3','A'},
    {'4','5','6','B'},
    {'7','8','9','C'},
    {'*','0','#','D'}
};
byte rowPins[ROWS] = {23, 25, 27, 29}; //connect to the row pinouts of the key-
pad
byte colPins[COLS] = {31, 33, 35, 37}; //connect to the column pinouts of the key-
pad
```

```
//initialize an instance of class NewKeypad
//Keypad customKeypad = Keypad( makeKeymap(hexaKeys), rowPins, colPins,
ROWS, COLS);
    Keypad customKeypad =    Keypad( makeKeymap(hexaKeys), rowPins, colPins,
ROWS, COLS);
```

2. char Keypad.getKey()

語法：

    char customKey =   Keypad.getKey()

    讀取 keypad 鍵盤的一個按鍵 ，並回傳到 char 變數中

指令範例：

```
char customKey = customKeypad.getKey();
```

3. char Keypad.waitForKey()

語法：

    char customKey =   Keypad. waitForKey ()

    等待讀取到 keypad 鍵盤的一個按鍵，不然會一直等待中直到某一個鍵被按

下 ，並回傳到 char 變數中

指令範例：

```
char customKey = customKeypad.waitForKey ();
```

4. KeyState Keypad. getState ()

語法：

    KeyState keystatus   =   Keypad. getState ()

    讀取 keypad 所案的鍵盤中，是處於哪一種狀態，並回傳到數中

指令範例：

```
KeyState keystatus = customKeypad.getState();
```

回傳值為下列四種：IDLE、PRESSED、RELEASED、HOLD.

5.　　boolean Keypad. keyStateChanged ()

語法：

　　　boolean Keypad.keyStateChanged ()

　　讀取 keypad 鍵盤的一個按鍵狀態是否改變，**若有改變**，並回傳 true，沒有

改變回傳 false 到 boolean 變數中

　　指令範例：

boolean Keypad.keyStateChanged ()

setHoldTime(unsigned int time)

6.　　void Keypad.setHoldTime(unsigned int time)

設定按鈕按下的持續時間(milliseconds)

語法：

　　　void Keypad.setHoldTime(unsigned int time)

　　指令範例：

Keypad.setHoldTime(200)

7. setDebounceTime(unsigned int time)

void Keypad. setDebounceTime(unsigned int time)

語法：

　　　void Keypad. setDebounceTime(unsigned int time)

　　設定按鈕按下，按鈕的接點震動的忍耐時間(milliseconds)

指令範例：

```
Keypad. setDebounceTime(50);
```

7.使用插斷 addEventListener 方法

語法：

addEventListener(keypadEvent)

指令範例：EventSerialKeypad

```
/* @file CustomKeypad.pde
|| @version 1.0
|| @original author Alexander Brevig
|| @originalcontact alexanderbrevig@gmail.com
||   Author Bruce modified from keypad library   examples download from
http://playground.arduino.cc/Code/Keypad#Download @ keypad,zip
|| | Demonstrates changing the keypad size and key values.
|| #
*/
#include <Keypad.h>
const byte ROWS = 4; //four rows
const byte COLS = 4; //four columns
//define the cymbols on the buttons of the keypads
char hexaKeys[ROWS][COLS] = {
    {'1','2','3','A'},
    {'4','5','6','B'},
    {'7','8','9','C'},
    {'*','0','#','D'}
};
    byte rowPins[ROWS] = {23, 25, 27, 29}; //connect to the row pinouts of the key-
pad

    byte colPins[COLS] = {31, 33, 35, 37}; //connect to the column pinouts of the key-
pad

    //initialize an instance of class NewKeypad
    //Keypad customKeypad = Keypad( makeKeymap(hexaKeys), rowPins, colPins,
ROWS, COLS);
```

```
  Keypad customKeypad =   Keypad( makeKeymap(hexaKeys), rowPins, colPins,
ROWS, COLS);
  byte ledPin = 13;
  boolean blink = false ;


void setup(){
   Serial.begin(9600);
   Serial.println("program start here");
   pinMode(ledPin, OUTPUT);        // sets the digital pin as output
    digitalWrite(ledPin, HIGH);    // sets the LED on
    customKeypad.addEventListener(keypadEvent); //add an event listener for this
keypad

}
  void loop(){
    char key = customKeypad.getKey();

    if (key) {
       Serial.println(key);
    }
    if (blink){
       digitalWrite(ledPin,!digitalRead(ledPin));
       delay(100);
    }
 }

//take care of some special events
void keypadEvent(KeypadEvent key){
    switch (customKeypad.getState()){
       case PRESSED:
         switch (key){
            case '#': digitalWrite(ledPin,!digitalRead(ledPin)); break;
            case '*':
                digitalWrite(ledPin,!digitalRead(ledPin));
            break;
         }
        break;
```

```
        case RELEASED:
          switch (key){
            case '*':
              digitalWrite(ledPin,!digitalRead(ledPin));
              blink = false;
              break;
          }
          break;
        case HOLD:
          switch (key){
            case '*': blink = true; break;
          }
          break;
    }
}
```

參考資料：Arduino 官方網站-http://playground.arduino.cc/Code/Keypad#Download

使用矩陣鍵盤輸入數字串

　　由上節我們已知道如何在 Arduino 開發板之中，連接一個如圖 32 所示之 4 * 4
薄膜鍵盤模組，但是如果我們需要使用該鍵盤模組輸入單純的整數或長整數的內
容，我們該如何攥寫對應的程式呢?

　　由表 25 所示，可以見到 4*4 薄膜鍵盤接腳圖，請依據表 25 接腳圖進行電路
連接。

表 25　4 * 4 鍵矩陣鍵盤基本應用—接腳表

4 * 4 鍵矩陣鍵盤	Arduino 開發板接腳	解說
Row1	Arduino digital input pin 23	
Row2	Arduino digital output pin 25	Keypad 列接腳
Row3	Arduino digital input pin 27	
Row4	Arduino digital input pin 29	
Col1	Arduino digital input pin 31	Keypad 行接腳

接腳	接腳說明	Arduino 接腳端(外部輸/入出端)	
Col2	Arduino digital input pin 33		
Col3	Arduino digital input pin 35		
Col4	Arduino digital input pin 37		
LED	Arduino digital output pin 13	測試用 LED + 5V	
5V	Arduino pin 5V	5V 陽極接點	
GND	Arduino pin Gnd	共地接點	

接腳	接腳說明	Arduino 接腳端(外部輸/入出端)
1	Ground (0V)	接地 (0V)
2	Supply voltage; 5V (4.7V – 5.3V)	電源 (+5V)
3	Contrast adjustment; through a variable resistor	螢幕對比(0-5V), 可接一顆 1k 電阻，或使用可變電阻調整適當的對比(請參考分壓線路)
4	Selects command register when low; and data register when high	Arduino digital output pin 5
5	Low to write to the register; High to read from the register	Arduino digital output pin 6
6	Sends data to data pins when a high to low pulse is given	Arduino digital output pin 7
7	Data D0	Arduino digital output pin 30
8	Data D1	Arduino digital output pin 32
9	Data D2	Arduino digital output pin 34
10	Data D3	Arduino digital output pin 36
11	Data D4	Arduino digital output pin 38
12	Data D5	Arduino digital output pin 40
13	Data D6	Arduino digital output pin 42
14	Data D7	Arduino digital output pin 44
15	Backlight Vcc (5V)	背光(串接 330 R 電阻到電源)
16	Backlight Ground (0V)	背光(GND)

由上節提到， 4 * 4 鍵矩陣鍵盤可以輸入 0~9,A~D,'*' 和'#'，共 16 個字母，但是除了 0~9 是我們需要的數字鍵，尚需一個鍵當作 Enter，所以我們必須使用 char array 來進行限制字元的比對，見表 26 為使用 4 * 4 鍵矩陣鍵盤輸入數字程式，將程式編譯之後上傳到 Arduino 開發板之後，可以見圖 36 為成功的使用 4 * 4 鍵矩陣鍵盤輸入數字程式之測試畫面。

表 26 使用 4 * 4 鍵矩陣鍵盤輸入數字程式

使用 4 * 4 鍵矩陣鍵盤輸入數字程式(keypad_4_4_en1)

```
/* @file Enhance Keypad use
|| @version 1.0
||   Author Bruce modified from keypad library   examples download from
http://playground.arduino.cc/Code/Keypad#Download @ keypad,zip
*/
/* LiquidCrystal display with:


LiquidCrystal(rs, enable, d4, d5, d6, d7)
LiquidCrystal(rs, rw, enable, d4, d5, d6, d7)
LiquidCrystal(rs, enable, d0, d1, d2, d3, d4, d5, d6, d7)
LiquidCrystal(rs, rw, enable, d0, d1, d2, d3, d4, d5, d6, d7)
R/W Pin Read = LOW / Write = HIGH      // if No pin connect RW , please leave
R/W Pin for Low State


*/


#include <Keypad.h>
#include <LiquidCrystal.h>


LiquidCrystal lcd(5,6,7,38,40,42,44);      //ok


const byte ROWS = 4; //four rows
const byte COLS = 4; //four columns
//define the cymbols on the buttons of the keypads
char hexaKeys[ROWS][COLS] = {
    {'1','2','3','A'},
    {'4','5','6','B'},
    {'7','8','9','C'},
    {'*','0','#','D'}
};
byte rowPins[ROWS] = {23, 25, 27, 29}; //connect to the row pinouts of the key-
pad

byte colPins[COLS] = {31, 33, 35, 37}; //connect to the column pinouts of the key-
pad
```

```
//initialize an instance of class NewKeypad
//Keypad customKeypad = Keypad( makeKeymap(hexaKeys), rowPins, colPins,
ROWS, COLS);
    Keypad customKeypad =   Keypad( makeKeymap(hexaKeys), rowPins, colPins,
ROWS, COLS);

    void setup(){
      Serial.begin(9600);
      Serial.println("program start here");
      Serial.println("start LCM1602");
    lcd.begin(16, 2);
    // 設定 LCD 的行列數目 (16 x 2)  16  行 2  列
      lcd.setCursor(0,0);
      // 列印 "Hello World" 訊息到 LCD 上
    lcd.print("hello, world2!");
      Serial.println("hello, world!2");

    }

    void loop(){
      long customKey = getpadnumber();
            // now result is printed on LCD
            lcd.setCursor(1,1);
        lcd.print("key :");
          lcd.setCursor(7,1);
        lcd.print(customKey);
          // now result is printed on Serial COnsole
            Serial.print("in   loop   is :") ;
            Serial.println(customKey);
      delay(200);

    }

    long getpadnumber()
    {
      const int maxstring = 8;
```

```
    char getinputnumber[maxstring] ;
    char InputKeyString = 0x00;
     int   stringpz = 0;

    while (stringpz < maxstring)
    {
       InputKeyString = getpadnumberchar();
        if (InputKeyString != 0x00)
        {
           if (InputKeyString != 0x13)
              {
                 getinputnumber[stringpz] = InputKeyString ;
                 stringpz ++ ;
              }
              else
              {
                 break ;
              }
        }
    }
stringpz ++;
getinputnumber[stringpz] = 0x00 ;
return (atol(getinputnumber) );
}

char getpadnumberchar()
{
   char InputKey;
   char checkey = 0x00;

   while (checkey == 0x00)
     {
        InputKey = customKeypad.getKey();
        if (InputKey != 0x00 )
          {
           checkey = cmppadnumberchar(InputKey) ;
//         Serial.print("in   getnumberchar for loop   is :") ;
```

```
//              Serial.println(InputKey,HEX) ;
            }
        /*   else
            {
                Serial.print("in   getnumberchar and not if   for loop   is :") ;
                Serial.println(InputKey,HEX) ;
            }
            */
            delay(50);
        }
    //   Serial.print("exit   getnumberchar is :") ;
    //   Serial.println(checkey,HEX) ;
        return (checkey);
}


char cmppadnumberchar(char cmpchar)
{
    const int cmpcharsize = 11 ;
char tennumber[cmpcharsize] = {'0','1','2','3','4','5','6','7','8','9','#'} ;
//char retchar = "" ;
    for(int i    = 0; i< cmpcharsize; i++)
        {
        if (cmpchar == tennumber[i] )
            {
                if (cmpchar == '#')
                {
                        return    (0x13) ;
                }
                else
                {
                        return    (cmpchar) ;
                }
            }

        }
    return    (0x00) ;
```

使用 4 * 4 鍵矩陣鍵盤輸入數字程式(keypad_4_4_en1)
}

程式來源: https://github.com/brucetsao/eCoffee

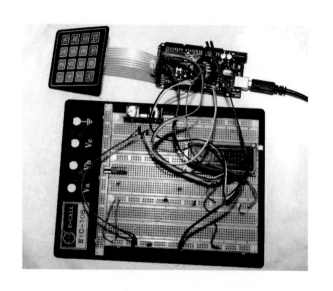

圖 36 矩陣鍵盤輸入數字程式測試畫面

章節小結

本書實驗到此,已經將一個完整性的矩陣式鍵盤讀取方式做一個完整的介紹,相信各位讀者透過以上章節的內容,一定可以一步一步的將矩陣鍵盤整合到實驗當中,並增加多鍵輸入與整合輸入的功能。

6

CHAPTER

整合開發

本章節將結合前幾張的內容,以作者國立暨南國際大學電機工程學系郭耀文教授發表的一篇文章:【智慧烘焙】滾筒烘豆機,網址: https://projectplus.cc/Projects/baked_bean_machine/,進行第一代改造計畫。

第一代滾筒烘豆機

如下圖所示,我們使用使用的主角是 TSK-K1092 遠紅外線烘烤爐(EUPA 遠紅外線低脂旋風烘烤爐賣場: http://www.tkec.com.tw/ptview.aspx?pidqr=125451),其第一代改造烘豆機相關零件與控制元件,介紹如下

TSK-K1092 遠紅外線烘烤爐

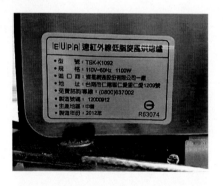

圖 37 TSK-K1092 遠紅外線烘烤爐

Arduino UNO:

圖 38 Arduino UNO 開發板

參考網址:https://goods.ruten.com.tw/item/show?21605771008018

LCD Keypad Shield ARDUINO

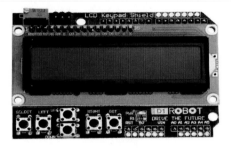

圖 39 LCD Keypad Shield

參考網址:https://goods.ruten.com.tw/item/show?215531221763025

K type 熱電偶

圖 40 K type 熱電偶

參考網址:https://goods.ruten.com.tw/item/show?21633339667447

MAX6675

圖 41 MAX6675 模組

參考網址:https://goods.ruten.com.tw/item/show?21840725117851

固態繼電器：SSR-25DA:

圖 42 固態繼電器：SSR-25DA

參考網址:https://goods.ruten.com.tw/item/show?21736052960405

Molex 2.54mm 2P 雙頭母頭附線 45CM

塑膠螺絲 PC PF-306 6mm

圖 44 塑膠螺絲等配件

參考網址:https://goods.ruten.com.tw/item/show?21804640792058

六角外螺紋隔離柱

圖 45 六角外螺紋隔離柱

六角外螺紋隔離柱 HTS-315 M3*0.5 適用螺帽:

參考網址:https://goods.ruten.com.tw/item/show?21804635983694

六角外螺紋隔離柱

圖 46 六角外螺紋隔離柱

六角外螺紋隔離柱 HTS-310 M3*0.5：

參考網址:https://goods.ruten.com.tw/item/show?21804635983694

Molex 2.54 連接器-2P 公插頭

圖 47 Molex 2.54 連接器-2P 公插頭

參考網址:https://goods.ruten.com.tw/item/show?21804635835128

AC 風扇

圖 48 AC 風扇

參考網址:https://goods.ruten.com.tw/item/show?215546101398314

玻璃絲編織耐熱線

圖 49 玻璃絲編織耐熱線

參考網址:https://goods.ruten.com.tw/item/show?21303315866211

接下來,請先把控制板根據下列方式,先行組裝:

如下圖所示,請先使用 LCD KeyPad 請把這根針腳剪斷:

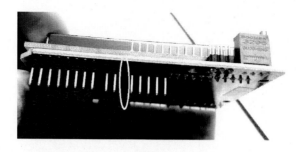

圖 50 針腳剪斷

如下圖所示，在這裡裝上 2.54 molex 接頭，這是用來控制 SSR

圖 51 裝上 2.54 molex 接頭

如下圖所示，我使用一長一短當作 uno 的腳

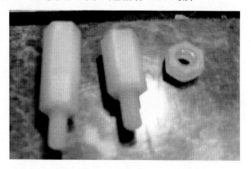

圖 52 長短六角外螺紋隔離柱

如下圖所示，我使用一長一短當作 uno 的腳

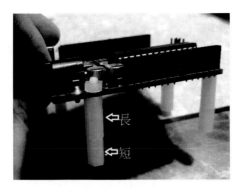

圖 53 裝上長短六角外螺紋隔離柱

　　由上述 LCD 1602 Keypad 模組，我們可以看到如下硬體: 4pin, GND, VCC, SDA, SCL，連接的方式很簡單，VCC 接到 5V，GND 接到 GND，SDA 接到 SDA，SCL 接到 SCL。

　　接下來我們使用 LiquidCrystal 函式庫，網址：https://bitbucket.org/fmalpartida/new-liquidcrystal/downloads/，安裝好函式庫之後，我們加入下列程式：

```
#include <LiquidCrystal_I2C.h>
  LiquidCrystal_I2C lcd(0x27, 2, 1, 0, 4, 5, 6, 7, 3, POSITIVE); // 設定 LCD I2C 位址
(2) setup()中加入:
lcd.begin(16, 2);
  (3) 主要指令
lcd.setCursor(0, 0); 移動游標
lcd.print(value); 於游標處印出字串 value
```

程式來源: https://github.com/brucetsao/eCoffee

UNO 與 LCD keypad 組裝

圖 54 UNO 與 LCD keypad 組裝

與 SSR 連接方式

如下圖所示，使用以下的線材，減半可以讓兩台使用。

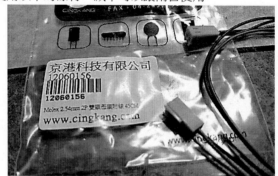

圖 55 SSR 連接方式

如下圖所示，連接 SSR，將紅色鎖到+ (pin 3)，黑色鎖到 – (pin 4)

圖 56 連接 SSR

　　接下來我們需要讀取溫度的溫度感測模組：MAX6675 ，如下圖所示，其硬體腳位如下為: 5pin VCC, SO, CS, SCK, GND，我們使用 Vcc 接 pin 13, SO 接 pin 10, CS 接 pin 11, SCK 接 pin 12

　　接下來我們使用 MAX6675 函式庫，網址：https://github.com/adafruit/MAX6675-library，安裝好函式庫之後，我們加入下列程式：

```
#include <max6675.h>
 int thermo_vcc_pin = 13;
 int thermo_so_pin = 10;
 int thermo_cs_pin = 11;
 int thermo_sck_pin = 12;
 MAX6675 thermocouple(thermo_sck_pin, thermo_cs_pin, thermo_so_pin);
 (2) setup()中加入:
pinMode(thermo_vcc_pin, OUTPUT);
 digitalWrite(thermo_vcc_pin, HIGH);
```

程式來源: https://github.com/brucetsao/eCoffee

　　由於模組需要等一段時間才可以讀溫度，250ms 就可以了，讀取溫度的指示是 temp=thermocouple.readCelsius();

我們接下來焊接溫度感測器

　　如下圖所示，我們先焊接連接 pin：

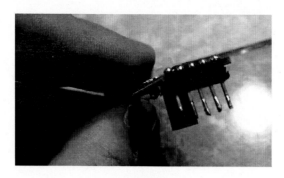

圖 57 焊接腳位

如下圖所示，我們焊接感測器腳位到 MAX6675：

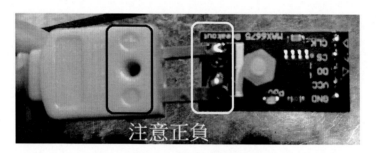

圖 58 焊接感測器腳位到 MAX6675

如下圖所示，我們先焊接 MAX6675 感測器到 UNO：

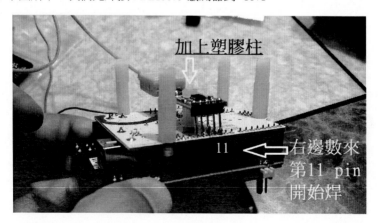

圖 59 焊接 MAX6675 感測器到 UNO

如下表所示，將程式鍵入開發工具，進行程式燒錄後，燒入 Arduino UNO
控制器之中：

第一代烘烤機程式(G1_roaster)
#include <max6675.h>
#include <Wire.h>
#include <LiquidCrystal_I2C.h>
LiquidCrystal_I2C lcd(0x27, 20, 4); // set the LCD address to 0x27 for a 16 chars and 2 line display
// #include <LiquidCrystal_I2C.h>
// LiquidCrystal_I2C lcd(0x27, 2, 1, 0, 4, 5, 6, 7, 3, POSITIVE); // 設定 LCD I2C 位址
int count = 0, sec = 0;
float ini_temp, temp = 0, scale = 0, target;
char st[20];
// ThermoCouple
int thermo_vcc_pin = 13;
int thermo_so_pin = 10;
int thermo_cs_pin = 11;
int thermo_sck_pin = 12;
MAX6675 thermocouple(thermo_sck_pin, thermo_cs_pin, thermo_so_pin);
String value;
void setup()
{
lcd.begin(16, 2);
lcd.setCursor(0, 0); // 設定游標位置在第一行行首
// Debug console
Serial.begin(9600);
Serial.println("start");

```
//ThermoCouple
pinMode(thermo_vcc_pin, OUTPUT);
digitalWrite(thermo_vcc_pin, HIGH);
pinMode(8, OUTPUT);
digitalWrite(8, LOW);
delay(1000);

ini_temp = thermocouple.readCelsius();
lcd.setCursor(0, 1); // 設定游標位置在第一行行首
value = String("") + "initial=" + ini_temp;
lcd.print(value);
scale = (150 - ini_temp) / 480;
target = ini_temp;
Serial.println(value);
Serial.println(scale);
Serial.println(target);
delay(1000);
digitalWrite(8, HIGH);
}

void loop()
{
  delay(250);
  temp = temp + thermocouple.readCelsius();

  count++;
  if (count == 4)
  {
    sec++;
    // temp=thermocouple.readCelsius();
    target = target + scale;
    value = String("") + "time=" + sec + "" + (int)target;
    lcd.clear();
    lcd.setCursor(0, 0); // 設定游標位置在第一行行首
    lcd.print(value);
    Serial.println(value);
```

```
    temp = temp / 4;
    value = String("") + "temp=" + temp;
    Serial.println(value);
    lcd.setCursor(0, 1); // 設定游標位置在第一行行首
    lcd.print(value);
    count = 0;
    if (sec < 840)
    {
        if (temp > target)
            digitalWrite(8, LOW);
        else
            digitalWrite(8, HIGH);
    }
    if (sec == 480)
        scale = (220.0 - 150.0) / 360;
    if (sec > 840)
    {

        if (temp > 220)

            digitalWrite(8, LOW);

        if (temp < 210)

            digitalWrite(8, HIGH);

    }
    temp = 0;
  }
}
```

程式來源: https://github.com/brucetsao/eCoffee

如下圖所示，進行程式燒錄後，旋轉可變電阻進行螢幕對比設定：

圖 60 旋轉可變電阻進行螢幕對比設定

如下圖所示，旋轉可變電阻進行螢幕對比設定，旋到可以清楚看見螢幕的字體就可以：

圖 61 旋轉可變電阻進行螢幕對比設定

如下圖所示，將控制器裝上烤箱：

圖 62 放置感測器與控制器

如下圖所示，SSR 就串在燈管的電源上，鎖在塑膠板上。實際控制板的接
線。：

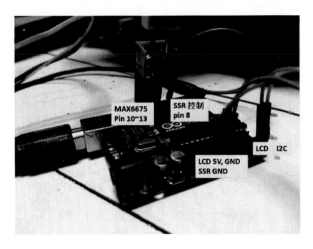

圖 63 SSR 就串在燈管的電源上

如下圖所示，將控制器裝上烤箱：

圖 64 將控制器裝上烤箱

如下圖所示，原來的滾筒效果不佳，後來加上一些鐵片就好多了：

圖 65 加上一些鐵片

如下圖所示，控制器上電進行測試：

圖 66 控制器上電進行測試

如下圖所示，完成成品：

圖 67 完成成品

如下圖所示，成品測試：

圖 68 成品測試

如下圖所示,設定溫度控制:

圖 69 設定溫度控制

如下圖所示,觀察烤箱發熱情形:

圖 70 觀察烤箱發熱情形

如果一切沒有問題,則我們完成第一代烘豆機開發。

第二代滾筒烘豆機

由於第一代烘豆機控制器較小,無法加入大型鍵盤(KeyPad)輸入資訊,所使用的螢幕是 LCD1602,筆者希望建立一個教學為主的示範機,所以第一代烘豆機進行改造,將上述功能加入成為第二代烘豆機。

Arduino Mega 2560 開發板

如下圖所示,我們使用使用的主角是 Arduino Mega 2560 開發板,介紹如下:

Arduino Mega 2560 開發板是 Arduino Mega 2560 開發板官方最新推出的 MEGA 版本。功能與 MEGA1280 幾乎是一模一樣,主要的不同在於 Flash 容量從 128KB 提升到 256KB,比原來的 Atmega1280 大。

Arduino Mega 2560 開發板是一塊以 ATmega2560 為核心的微控制器開發板,本身具有 54 組數位 I/O input/output 端(其中 14 組可做 PWM 輸出),16 組模擬比輸入端,4 組 UART(hardware serial ports),使用 16 MHz crystal oscillator。由於具有 bootloader,因此能夠通過 USB 直接下載程式而不需經過其他外部燒入器。供電部份可選擇由 USB 直接提供電源,或者使用 AC-to-DC adapter 及電池作為外部供電。

由於開放原代碼,以及使用 Java 概念(跨平臺)的 C 語言開發環境,讓 Arduino 的周邊模組以及應用迅速的成長。而吸引 Artist 使用 Arduino 的主要原因是可以快速使用 Arduino 語言與 Flash 或 Processing…等軟體通訊,作出多媒體互動作品。Arduino 開發 IDE 介面基於開放原代碼原則,可以讓您免費下載使用於專題製作、學校教學、電機控制、互動作品等等。

電源設計

Arduino Mega 2560 開發板的供電系統有兩種選擇,USB 直接供電或外部供電。電源供應的選擇將會自動切換。外部供電可選擇 AC-to-DC adapter 或者電池,此控制板的極限電壓範圍為 6V~12V,但倘若提供的電壓小於 6V,I/O 口有可能無法提供到 5V 的電壓,因此會出現不穩定;倘若提供的電壓大於 12V,穩壓裝置則會有可能發生過熱保護,更有可能損壞 Arduino Mega 2560 開發板。因此建議的操作供電為 6.5~12V,推薦電源為 7.5V 或 9V。

系統規格

- 控制器核心:ATmega2560
- 控制電壓:5V
- 建議輸入電(recommended):7-12 V
- 最大輸入電壓 (limits):6-20 V
- 數位 I/O Pins:54 (of which 14 provide PWM output)

- UART:4 組

- 類比輸入 Pins：16 組

- DC Current per I/O Pin：40 mA

- DC Current for 3.3V Pin：50 mA

- Flash Memory：256 KB of which 8 KB used by bootloader

- SRAM：8 KB

- EEPROM：4 KB

- Clock Speed：16 MHz

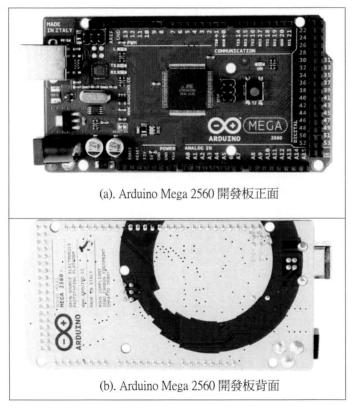

(a). Arduino Mega 2560 開發板正面

(b). Arduino Mega 2560 開發板背面

圖 71　Arduino Mega 2560 開發板

LCD 2004 I2C 版

接下來我們用 LCD2004 顯示模組當作操作介面與顯示資訊界面的顯示幕，如下圖所示：

圖 72 LCD2004 顯示模組

為了讓實驗更順暢進行，先參考下表所示之 LCD 2004 I2C 接腳表，將 LCD 2004 I2C 板與 Arduino 開發板進行實體線路連接，參考本文 LCD 2004 函式庫 單元，可以見到 LCD 2004 I2C 常用的函式庫 (LiquidCrystal Library, 參考網址：http://arduino.cc/en/Reference/LiquidCrystal ， http://playground.arduino.cc/Code/LCDi2c)。

由於不同種類的 Arduino 開發板，其 I2C/ TWI 接腳也略有不同，所以讀者可以參考下表所示之 Arduino 開發板 I2C/ TWI 接腳表，在根據下下下表之 LCD 1602 I2C 測試程式的內容，進行硬體接腳的修正，至於軟體部份，Arduino 軟體原始碼的部份，則不需要修正。

我們參考 Arduino 官方網站 http://arduino.cc/en/Reference/LiquidCrystal ，其連接 LCD 2004 接腳如下表所示：

表 27 LCD 2004 I2C 接腳表

接腳	接腳說明	Arduino 接腳端(外部輸/入出端)
1	Ground (0V)	接地 (0V) Arduino GND
2	Supply voltage; 5V (4.7V － 5.3V)	電源 (+5V) Arduino +5V
3	SDA	Arduino digital Pin20(SDA)
4	SCL	Arduino digital Pin21(SCL)

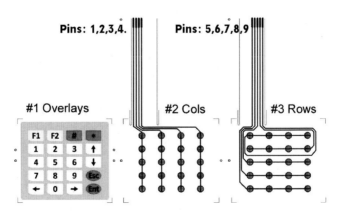

Key Pad 5*4 (20 按鍵)

接下來我們用 Key Pad 5*4　當為 20 按鍵 的輸入模組，如下圖所示:

圖 73 Key Pad 5*4 (20 按鍵)

我們參考 Keypad 函式，官方網站 https://www.arduinolibraries.info/libraries/key-pad ，其連接 Key Pad 5*4 (20 按鍵)接腳如下表所示：

表 28 KeyPad 5*4 接腳表

接腳	接腳說明	Arduino 接腳端(外部輸/入出端)
1	左起第一腳	Arduino Mega Pin 22
2	左起第二腳	Arduino Mega Pin 24
3	左起第三腳	Arduino Mega Pin 26
4	左起第四腳	Arduino Mega Pin 28
5	左起第五腳	Arduino Mega Pin 30
6	左起第六腳	Arduino Mega Pin 32
7	左起第七腳	Arduino Mega Pin 34
8	左起第八腳	Arduino Mega Pin 36
9	左起第九腳	Arduino Mega Pin 38

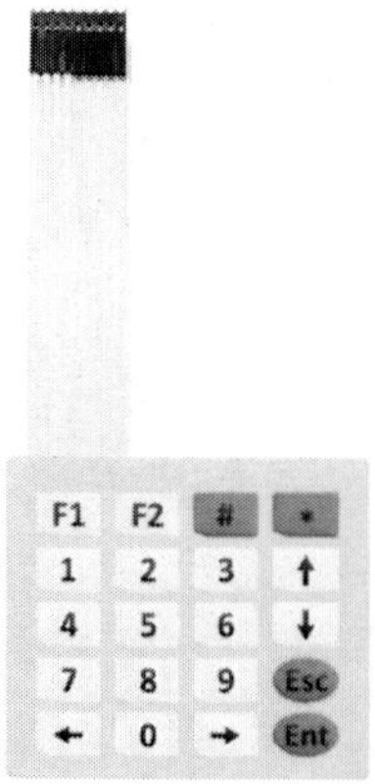

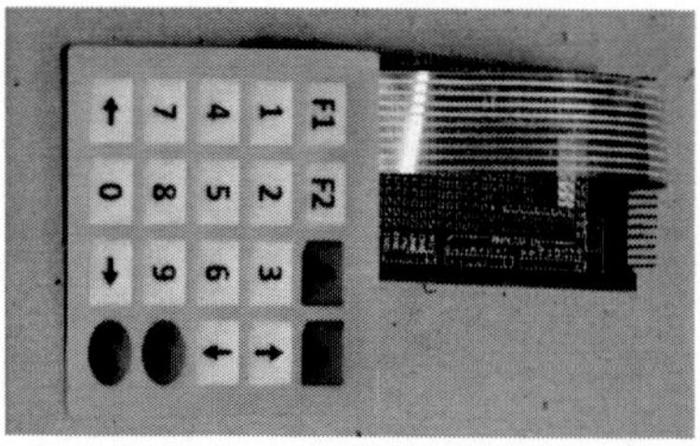

K type 熱電偶

接下來我們用 K type 熱電偶模組當作感測高溫溫度的感測器'，如下圖所示：

圖 74 K type 熱電偶

　　由於 K type 熱電偶需要類比放大器來讀取該探頭的資料，所以筆者採用 Adafruit MAX31855 Thermocouple，產品參考網址：https://learn.adafruit.com/thermocouple/overview， 由於該產品需要三個腳位方能驅動。

MAX6675

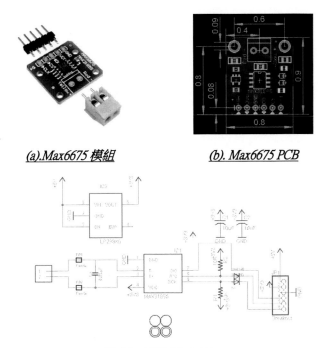

(a).Max6675 模組　　　　　　　*(b). Max6675 PCB*

(b). Max6675 Block Diagram

圖 75 MAX6675 模組

資料來源: https://learn.adafruit.com/thermocouple/downloads

我們參考 Adafruit MAX31855 Thermocouple 網址：https://learn.adafruit.com/thermocouple/overview，

其 MAX6675 模組接腳如下表所示：

表 29 MAX6675 模組接腳表

接腳	接腳說明	Arduino 接腳端(外部輸/入出端)
1	Ground (0V)	接地 (0V) Arduino GND
2	Vin	電源 (+5V) Arduino +5V
3	DO	Arduino digital Pin11
4	CS	Arduino digital Pin10
5	CLK	Arduino digital Pin 9

固態繼電器：SSR-25DA：

接下來我們用固態繼電器：SSR-25DA:當作控制發熱模組的控制單元，如下圖
所示:

圖 76 固態繼電器：SSR-25DA

我們參考 Adafruit MAX31855 Thermocouple 網址：

https://learn.adafruit.com/thermocouple/overview，其 MAX6675 模組接腳如下表所示：

表 30 MAX6675 模組接腳表

接腳	接腳說明	Arduino 接腳端(外部輸/入出端)
1	輸出控制端一	外部發熱模組控制端一
2	輸出控制端二	外部發熱模組控制端二
3	控制端+(腳 3)	Arduino pin 12
4	控制端-(腳 4)	Arduino GND

硬體整合

最後我們將上面所有的電路圖，整合起來，建立如下圖所示的整合電路圖：

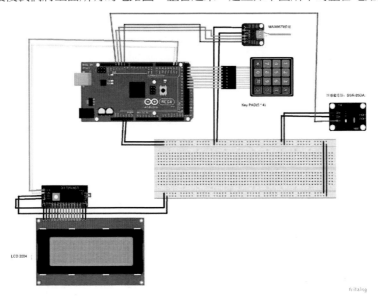

圖 77 整合電路圖

實體展示

最後，如下圖所示，我們將上面所有的零件，電路連接完成後，完整顯示在下圖中。

圖 78 整合電路產品原型

系統整合開發

我們將 Arduno 開發板的驅動程式安裝好之後，我們打開 Arduino 開發板的開發工具：Sketch IDE 整合開發軟體（軟體下載請到：https://www.arduino.cc/en/Main/Software），攥寫一段程式，如下表所示之系統整合測試程式。

表 31 系統整合測試程式

系統整合測試程式測試程式(Coffee_Control_V3)

```
#include <max6675.h>
#define board mega2560
#define ActiveLedPin 13
#define control_pin 12
// 20180920 fix Runjob using Showcolor' problems , instead of using
//    ChangeBulbColor(RedValue,GreenValue,BlueValue,LightValue) ;
// ThermoCouple
   //   #define thermo_vcc_pin      13
      #define thermo_sck_pin      9
      #define thermo_cs_pin       10
      #define thermo_so_pin       11
MAX6675 thermocouple(thermo_sck_pin, thermo_cs_pin, thermo_so_pin);
//used to control SSR


int TempValue = 0 ;
int TmpValue = 0 ;


#define ThermCount 8
#define WAITSEC 6
#define dutycycle 250
#define PWMLevel 16        // pwm max level
int PWMControl = 15 ;      // pwn control level setting


//------------------------
#include <EEPROM.h>
#define eDataAddress 100
int ParaCount = 0 ;
int PreHotParameter[2] = {20,170};
//int PreHotParameter[2] = {180,170};
int HotParameter[10][2] = {
                           {180 ,150 },{360 ,175 },
                           {660 ,210 },{0 ,0 },
                           {0 ,0 },{0 ,0 },
                           {0 ,0 },{0 ,0 },
                           {0 ,0 },{0 ,0 }
};
```

```
//--------------------
#include <Wire.h>
#include <LiquidCrystal_I2C.h>

LiquidCrystal_I2C lcd(0x27,20,4);    // set the LCD address to 0x27 for a 16 chars and 2
line display
//---------------------
//---------------------
#include <Keypad.h>
char KeyPadChar[] = {'0','1','2','3','4','5','6','7','8','9','*','#','A','B','L','R','U','D','E','X'} ;
char KeyPadNum[] = {'0','1','2','3','4','5','6','7','8','9','L' ,'E','X'} ;
char KeyPadPage[] = {'U','D','E','X'} ;
char KeyPadCmd[] = {'A','B','#','*'} ;
char KeyPadYesNo[] = {'0','1'} ;
const byte ROWS = 4; //four rows
const byte COLS = 5; //three columns
char keys[ROWS][COLS] =
   {
      {'L','7','4','1','A'},
      {'0','8','5','2','B'},
      {'R','9','6','3','#'},
      {'X','E','D','U','*'}
   };

byte rowPins[ROWS] = {22, 24, 26, 28 }; //connect to the row pinouts of the keypad
byte colPins[COLS] = {30 ,32,34 ,36 ,38}; //connect to the column pinouts of the keypad
Keypad keypad = Keypad(makeKeymap(keys), rowPins, colPins, ROWS, COLS );


//--------------------
boolean InputStatus = false ;
boolean WorkStatus = false ;
unsigned stepnum = 1 ;
unsigned posnum = 0 ;
char inptxt[3]   ;
int pos1[3][2] = {{1,13},{1,14},{1,15}} ;
int pos2[3][2] = {{2,13},{2,14},{2,15}} ;
char pchar ;
int rulenum = 1 ;
```

```
//-------------------

//--------------
//-----------------
#define PLEVEL 8
#define WAITSEC 6

void setup()
{
  initAll() ;
   ShowStartUP() ;
  delay(1000) ;
  ShowScreen() ;
}

void loop()
{
      Dialog("F1 PreHot,'F2 Run") ;

  pchar = InstantKeyInput() ;
  Serial.print("[") ;
  Serial.print(pchar) ;
   Serial.print("]\n") ;
 if ( CheckKeyPadCMD(pchar)=='A' )
  {
    Serial.println("Run Pre Hot") ;
    Dialog("Run Pre Hot") ;
     HotRun(PreHotParameter[0],PreHotParameter[1] , "Pre Hot Activcated") ;
       ShowScreen() ;
    Dialog("F1 PreHot,'F2 Run") ;
  }    // end of ( CheckKeyPadStart(InstantKeyInput()) )

  if ( CheckKeyPadCMD(pchar)=='B' )
  {
    Serial.println("Run Bean Roaster") ;
    Dialog("Run Bean Roaster") ;
     RunHot() ;
       ShowScreen() ;
```

```
        Dialog("F1 PreHot,'F2 Run") ;
    }     // end of ( CheckKeyPadStart(InstantKeyInput()) )
  if ( CheckKeyPadCMD(pchar)=='#' )
  {
      Serial.println("Set Pre Hot") ;
      Dialog("Set Pre Hot") ;
        if (SetPreHot())
                  savePreHotParameter() ;
            HideInputCursor() ;
          ShowScreen() ;
          Dialog("F1 PreHot,'F2 Run") ;
    }     // end of ( CheckKeyPadStart(InstantKeyInput()) )
  if ( CheckKeyPadCMD(pchar)=='*' )
  {
      Serial.println("Set Temperature & Time") ;
      HotMenu() ;
        ShowScreen() ;
      Dialog("F1 PreHot,'F2 Run") ;
        //initinptxt() ;
    }     // end of ( CheckKeyPadStart(InstantKeyInput()) )




}     // end of loop
//---------------
void RunHot()
{
  for (int i=0 ; i <10;i++)
  {
        if (HotParameter[i][0] >0 )
        {
              HotRun(HotParameter[i][0],HotParameter[i][1] , "Hot Ac-
tivcated:("+String(i+1)+")") ;
```

```
        }          // is work if (HotParameter[i][0] >0 )
      if (InstantKeyInput() == 'E')
      {
            TutnOff() ;      // too hot and turn off
            return ;
      }
   }    // end of for (int i=0 ; i <10;i++)
}    // end of void RunHot()

void HotRun(int during, int hot, String st)
{

   TmpValue = 0 ;
   TempValue = 0;
   int pcount = 0 ;
   int pwmcount   = 0 ;
   long strtime = millis() ;
    displayLcd(1,st) ;
   while (((millis() -strtime)/1000    <during)
   {
   displayLcd(2,"Temperature:"+String(TempValue)+"/"+String(hot)) ;
   displayLcd(3,"Time:"+String(during - (int)((millis() -strtime)/1000) ) +"/"+String(dur-
ing)) ; ;
      if (InstantKeyInput() == 'E')
      {
            TutnOff() ;      // too hot and turn off
            return ;

      }


      if (pcount < ThermCount)
        {
           TmpValue = TmpValue + thermocouple.readCelsius();
           pcount ++ ;
           Serial.print("Hot:(");
           Serial.print(pcount);
           Serial.print("/");
           Serial.print(thermocouple.readCelsius());
```

```
                Serial.print("/");
                Serial.print(TmpValue);
                Serial.print(")\n");
        }
      else
      {
        pcount = 0 ;
        TempValue = (TmpValue /ThermCount) ;
        TmpValue = 0 ;
//      displayLcd(2,"Now Temperature :"+String(TempValue)) ;
//      displayLcd(3,"Reserved Time:"+String(during - ((millis() -strtime)/1000))) ; ;
          //control PWN HOT
      }

        if   (TempValue <=hot)      // inder hot
          {
                PWMHotControl(pwmcount) ;
                //    open hot supplier
          }
          else
          {
                TutnOff() ;     // too hot and turn off
          }
      pwmcount ++ ;           // pwm control variable
      if (pwmcount >=PWMLevel)      // CHECK pwm level to turn on
        {
          pwmcount = 0 ;      //set pwmcount to ZERO
        }
      delay(dutycycle) ;        // delay for dutycycle
  }   // end of while ((millis() -strtime) <(during * 1000))
  TutnOff() ;    // too hot and turn off
} // end of void HotRun(int during, int hot , String st)



void PWMHotControl(int hotccont )
{
```

```
    if (hotccont < PWMControl)
    {
        TutnOn() ;
    }
    else
    {
        TutnOff() ;
    }

}

boolean HotMenu()
{
    Dialog("UP/Down Enter:Edit") ;
    pchar =1   ;
    while ( true)
    {
        if (pchar > 0 )
        {
            Serial.print("Menu:(") ;
            Serial.print(pchar) ;
            Serial.print(")\n") ;
            Dialog("UP/Down Enter:Edit") ;
            if (CheckPageView(pchar) =='U')
                rulenum -- ;
            if (CheckPageView(pchar) =='D')
                rulenum ++ ;
            if (rulenum >10)
                rulenum = 1 ;
            if (rulenum < 1)
                rulenum = 10 ;
            PageViewScreen(rulenum,HotParameter[rulenum-1][0], HotParame-
ter[rulenum-1][1], "View Control Rules" ) ;


        }
        if (CheckPageView(pchar) =='X')
        {
            if (SetHot(rulenum))
```

```
                {
                        saveHotParameter(rulenum) ;
                }
            HideInputCursor() ;
                    PageViewScreen(rulenum,HotParameter[rulenum-1][0], HotParame-
ter[rulenum-1][1], "View Control Rules" ) ;


        }
            if (CheckPageView(pchar) =='E')
                {
                    return true ;
                }
            pchar = InstantKeyInput() ;
        }
}    // end of function

boolean SetHot(int rl)
{
    Dialog("ESC Abort, Enter OK") ;
        int temp1 ,temp2 ;
        temp1 = HotParameter[rl-1][0] ;
        temp2 = HotParameter[rl-1][1] ;

    OperatingScreen(0, temp1 , temp2 , "Set Hot & Time") ;
            Serial.println("Wait for input for Controling Temperature time") ;
            Dialog("Input Hot Time") ;
        posnum = 0 ;
        Setinptxt(temp1) ;
        while (posnum < 3)   // input six number for schedule
            {
                    ShowInputCursor(pos1[posnum][0],pos1[posnum][1])    ;
                    pchar = CheckInputfromKeyPad(KeyInput()) ;
                    // check input backward
                    if (pchar == 'L')
                    {
                        if (posnum > 0)
                            {
                                posnum -- ;
```

```
                        }
                continue   ;
        }    // end of pchar == '*' check
    if (pchar == 'E')
    {
            return false ;
    }
    if (pchar == 'X')
    {
                temp1 = ((int)inptxt[0]-48)*100+((int)inptxt[1]-
48)*10+((int)inptxt[1]-48) ;
                Serial.println(temp1) ;
                Serial.println(temp2) ;

            pchar = CheckYesNo(KeyYesNo()) ;
            if (pchar == '0')
                {
                    return false ;
                }
                else
                {

                    HotParameter[rl-1][0] =temp1    ;
                    HotParameter[rl-1][1] = temp2 ;
                    return true ;

                }
            }
        // now check real input
    if (pchar != 0)
    {
        inptxt[posnum] = pchar ;
        ShowInputChar(pos1[posnum][0],pos1[posnum][1], inptxt[pos-
num])   ;

        posnum ++ ;

        }

    }    // end of while (posnum < 3) for Check   six char input
```

```
temp1 = ((int)inptxt[0]-48)*100+((int)inptxt[1]-48)*10+((int)inptxt[1]-48) ;
Serial.println(temp1) ;


    Serial.println("Wait for input for Control Temperature") ;
    Dialog("Input Temperature") ;
posnum = 0 ;
Setinptxt(temp2) ;
while (posnum < 3)   // input six number for schedule
    {
        ShowInputCursor(pos2[posnum][0],pos2[posnum][1])    ;
        pchar = CheckInputfromKeyPad(KeyInput()) ;
        // check input backward
        if (pchar == 'L')
        {
            if (posnum > 0)
              {
                  posnum -- ;
              }
            continue   ;
        }   // end of pchar == '*' check
        if (pchar == 'E')
        {
              return false ;
        }
         if (pchar == 'X')
         {
                  temp2 = ((int)inptxt[0]-48)*100+((int)inptxt[1]-
48)*10+((int)inptxt[2]-48) ;
                  Serial.println(temp2) ;

                pchar = CheckYesNo(KeyYesNo()) ;
                if (pchar == '0')
                  {
                         return false ;
                  }
                else
                  {
```

```
                                    HotParameter[rl-1][0] =temp1    ;
                                    HotParameter[rl-1][1] = temp2 ;
                                    return true ;
                              }
                        }
                  // now check real input
            if (pchar != 0)
            {
                  inptxt[posnum] = pchar ;
                  ShowInputChar(pos2[posnum][0],pos2[posnum][1], inptxt[pos-
num])   ;

                  posnum ++ ;

            }

      }     // end of while (posnum < 3) for Check   six char input
      temp2 = ((int)inptxt[0]-48)*100+((int)inptxt[1]-48)*10+((int)inptxt[2]-48) ;
      Serial.println(temp2) ;

   pchar = CheckYesNo(KeyYesNo()) ;
   if (pchar == '0')
      {
            return false ;
      }
      else
      {

            HotParameter[rl-1][0] =temp1    ;
            HotParameter[rl-1][1] = temp2 ;
            return true ;
      }
}    // end of function

boolean SetPreHot()
{
    Dialog("ESC Abort, Enter OK") ;
       int temp1 ,temp2 ;
       temp1 = PreHotParameter[0] ;
```

```
                temp2 = PreHotParameter[1] ;
                Serial.print("Prehot:(") ;
                Serial.print(temp1) ;
                Serial.print("/") ;
                Serial.print(temp2) ;
                Serial.print(")\n") ;
        OperatingScreen(0, temp1 , temp2 , "Set Pre Hot & Time") ;
                Serial.println("Wait for input for PreHot Time") ;
                Dialog("Input PreHot Time") ;
            posnum = 0 ;
            Setinptxt(temp1) ;
            while (posnum < 3)    // input six number for schedule
                {
                    ShowInputCursor(pos1[posnum][0],pos1[posnum][1])        ;
                    pchar = CheckInputfromKeyPad(KeyInput()) ;
                    // check input backward
                    if (pchar == 'L')
                    {
                        if (posnum > 0)
                          {
                            posnum -- ;
                          }
                        continue   ;
                    }   // end of pchar == '*' check
                    if (pchar == 'E')
                    {
                        return false ;
                    }                       // now check real input
                    if (pchar == 'X')
                    {
                       temp1 = ((int)inptxt[0]-48)*100+((int)inptxt[1]-
48)*10+((int)inptxt[2]-48) ;
                            Serial.println(temp2) ;

                        pchar = CheckYesNo(KeyYesNo()) ;
                        if (pchar == '0')
                          {
                            return false ;
```

```
                    }
                    else
                    {

                            PreHotParameter[0] = temp1   ;
                            PreHotParameter[1] = temp2 ;
                            return true ;
                    }
                }                         // now check real input
            if (pchar != 0)
            {
                    inptxt[posnum] = pchar ;
                    ShowInputChar(pos1[posnum][0],pos1[posnum][1], inptxt[pos-
num])   ;

                    posnum ++ ;

            }


        }    // end of while (posnum < 3) for Check   six char input
        temp1 = ((int)inptxt[0]-48)*100+((int)inptxt[1]-48)*10+((int)inptxt[2]-48) ;
        Serial.println(temp1) ;

            Serial.println("Wait for input for prehot Temperature") ;
            Dialog("InputTemperature") ;
        posnum = 0 ;
        Setinptxt(PreHotParameter[1]) ;
        while (posnum < 3)    // input six number for schedule
            {
                    ShowInputCursor(pos2[posnum][0],pos2[posnum][1])       ;
                    pchar = CheckInputfromKeyPad(KeyInput()) ;
                    // check input backward
                    if (pchar == 'L')
                    {
                            if (posnum > 0)
                              {
                                    posnum -- ;
                              }
                            continue   ;
```

```
                    }       // end of pchar == '*' check
                    if (pchar == 'E')
                    {
                            return false ;
                    }                       // now check real input
                    if (pchar == 'X')
                    {
                            Serial.println(temp1) ;
                            temp2 = ((int)inptxt[0]-48)*100+((int)inptxt[1]-
48)*10+((int)inptxt[2]-48) ;
                            Serial.println(temp2) ;

                        pchar = CheckYesNo(KeyYesNo()) ;
                        if (pchar == '0')
                          {
                                return false ;
                          }
                          else
                          {

                                PreHotParameter[0] = temp1   ;
                                PreHotParameter[1] = temp2 ;
                                return true ;
                          }
                    }
                if (pchar != 0)
                {
                        inptxt[posnum] = pchar ;
                        ShowInputChar(pos2[posnum][0],pos2[posnum][1], inptxt[pos-
num])   ;

                        posnum ++ ;


                }

            }   // end of while (posnum < 3) for Check    six char input
        temp2 = ((int)inptxt[0]-48)*100+((int)inptxt[1]-48)*10+((int)inptxt[2]-48) ;
        Serial.println(temp2) ;
```

```
        pchar = CheckYesNo(KeyYesNo()) ;
        if (pchar == '0')
            {
                return false ;
            }
        else
            {

                PreHotParameter[0] = temp1   ;
                PreHotParameter[1] = temp2 ;
                return true ;
            }
}    // end of function

void PageViewScreen(int st,int temp, int durtme, String Ti)
{
  lcd.clear() ;
   lcd.setCursor(0,0);
  lcd.print(Ti);
   lcd.setCursor(0,1);
  lcd.print("Rule:(") ;
    lcd.print(st) ;
  lcd.print(")") ;
   lcd.setCursor(0,2);
   lcd.print("Time:") ;
     lcd.print(strzero(temp,3,10)) ;
     lcd.print(" , Temp:") ;
     lcd.print(strzero(durtme,3,10)) ;


}

void OperatingScreen(int st,int temp, int durtme, String Ti)
{
  lcd.clear() ;
   lcd.setCursor(0,0);
  lcd.print(Ti);
   lcd.setCursor(0,1);
  lcd.print("Stage:") ;
```

```
      lcd.print(st) ;
    lcd.setCursor(8,1);
   lcd.print("Time:") ;
      lcd.print(strzero(temp,3,10)) ;
      lcd.setCursor(0,2);
   lcd.print("Temperature :") ;
      lcd.print(strzero(durtme,3,10)) ;


}



//------------
char CheckInputfromKeyPad(char kp)
{
    for(int i = 0 ; i <   sizeof(KeyPadNum) ; i++)
      {
            if   (KeyPadNum[i]   == kp)
                 return kp ;
      }
    return 0 ;
}




void ShowScreen()
{
  lcd.clear() ;
   lcd.setCursor(0,0);
  lcd.print("Coffee Bean Roaster");
}




void ShowStartUP()
```

```
{
  lcd.clear() ;
   lcd.setCursor(0,0);
  lcd.print("Coffee Bean Roaster");
   lcd.setCursor(0,1);
  lcd.print("Research by NCNU EEE") ;
   lcd.setCursor(0,2);
  lcd.print(" Dr.Yaw-Wen Kuo");
   lcd.setCursor(0,3);
  lcd.print(" Dr.YC Tsao");


}

void initAll()
{
  Serial.begin(9600) ;
   Serial1.begin(9600); //
   pinMode(ActiveLedPin,OUTPUT) ;
   pinMode(control_pin,OUTPUT) ;
   digitalWrite(ActiveLedPin,LOW) ;
  digitalWrite(control_pin,LOW);

  Serial.println("Program Start") ;
  lcd.init();                              // initialize the lcd
  // Print a message to the LCD.
  lcd.backlight();
  lcd.setCursor(0,0);
  lcd.clear() ;

  ParaCount = EEPROM.read(eDataAddress);
  if (!(ParaCount >=0 && ParaCount <=99))
      {
         ParaCount = 0 ;
      }


}
```

```
void Dialog(String str)
{
    DialogClear() ;
   lcd.setCursor(0,3);
   lcd.print(str);
}

void DialogClear()
{
    lcd.setCursor(0,3);
   lcd.print("                    ");
}


//-------------
char CheckPageView(char kp)
{
    for(int i = 0 ; i <   sizeof(KeyPadPage) ; i++)
      {
            if   (KeyPadPage[i]   == kp)
                return kp ;
      }
    return 0 ;
}

char CheckKeyPadCMD(char kp)
{
    for(int i = 0 ; i <   sizeof(KeyPadCmd) ; i++)
      {
            if   (KeyPadCmd[i]   == kp)
                return kp ;
      }
    return 0 ;
}


char InstantKeyInput()
{
```

```
        char key ;
        long st= millis() ;
        while (1)
        {
            if ((millis() - st) > 300)
                break ;

            key = keypad.getKey();

            if (key == 0)
                {
                    delay(20) ;
                    // Serial.println("Wait.....") ;
                }
                else
                {
                  //    Serial.println("Got Key") ;
                    break ;
                    // delay(3000) ;
                }
        }
    return   key ;
}

char KeyInput()
{
    char key ;
    while (true)
    {
        key = keypad.getKey();
            Serial.print("[") ;
        Serial.print(key,HEX) ;
        Serial.print("]\n") ;
         if (key == 0)
                continue ;
            if (CheckKeyPadChar(key) >0)
            {
            //    Serial.print("Bingo\n") ;
```

```
                return   key ;
          }
    }
    return   key ;
}
char CheckKeyPadChar(char kp)
{
    for(int i = 0 ; i <   sizeof(KeyPadChar) ; i++)
      {
            if   (KeyPadChar[i]   == kp)
                return kp ;
      }
    return 0 ;
}
void ShowInputChar(int y, int x, char ct)
{
            lcd.setCursor(x,y);
            lcd.print(ct) ;


}
void HideInputCursor()
{
            lcd.noBlink();


}


void ShowInputCursor(int y, int x)
{
            lcd.setCursor(x,y);
            lcd.blink() ;


}


void Setinptxt(int no)
{
    String tmp = strzero(no,3,10) ;
    for(int i=0 ; i <3; i++)
        inptxt[i] = (char)(tmp.substring(i,i).toInt()+48) ;
```

```
}
char KeyYesNo()
{
    char key ;
    Dialog("0=Abort,1=Proceed") ;
    while (true)
    {
        key = keypad.getKey();
        //   Serial.print("[") ;
        //   Serial.print(key,HEX) ;
        //   Serial.print("]\n") ;
            if (key == 0)
                continue ;
            if (CheckYesNo(key) >0)
            {
                //   Serial.print("Bingo\n") ;
                return   key ;
            }
    }
    return   key ;
}
char CheckYesNo(char kp)
{
    for(int i = 0 ; i <   sizeof(KeyPadYesNo) ; i++)
        {
            if   (KeyPadChar[i]   == kp)
                return kp ;
        }
    return 0 ;
}

void savePreHotParameter()
{
    EEPROM.write(eDataAddress , PreHotParameter[0] ) ;
    EEPROM.write((eDataAddress +5), PreHotParameter[1]   ) ;
}
void saveHotParameter(int rnum)
{
```

```
        EEPROM.write((eDataAddress+100 +(rnum -1) * 10), HotParameter[rnum -1][0] ) ;
        EEPROM.write((eDataAddress+100 +5+(rnum -1) * 10), HotParameter[rnum -
1][1] ) ;
}

void RestoreParemeter()
{

}
void displayLcd(int ro, String st)
{
   // ro is n line( 1 is first
   // st is display message
      lcd.setCursor(0,ro-1);
      lcd.print("                      ") ;
      lcd.setCursor(0,ro-1);
      lcd.print(st) ;
}




void TutnOn()
{
      digitalWrite(ActiveLedPin,HIGH) ;
      digitalWrite(control_pin,HIGH) ;
}
void TutnOff()
{
      digitalWrite(ActiveLedPin,LOW) ;
      digitalWrite(control_pin,LOW) ;
}
```

程式來源: https://github.com/brucetsao/eCoffee

系統整合測試程式測試程式(comlib)
#define debugmode 0
//----------------------

```
//------------------
String   print2HEX(int number) {
   String ttt ;
   if (number >= 0 && number < 16)
   {
      ttt = String("0") + String(number,HEX);
   }
   else
   {
      ttt = String(number,HEX);
   }
   return ttt ;
}

String strzero(long num, int len, int base)
{
   String retstring = String("");
   int ln = 1 ;
      int i = 0 ;
      char tmp[10] ;
      long tmpnum = num ;
      int tmpchr = 0 ;
      char hexcode[]={'0','1','2','3','4','5','6','7','8','9','A','B','C','D','E','F'} ;
      while (ln <= len)
      {
           tmpchr = (int)(tmpnum % base) ;
           tmp[ln-1] = hexcode[tmpchr] ;
           ln++ ;
            tmpnum = (long)(tmpnum/base) ;
      }
      for (i = len-1; i >= 0 ; i --)
        {
              retstring.concat(tmp[i]);
        }

   return retstring;
```

```
}

unsigned long unstrzero(String hexstr)
{
    String chkstring   ;
    int len = hexstr.length() ;
    if (debugmode == 1)
        {
                Serial.print("String ");
                Serial.println(hexstr);
                Serial.print("len:");
                Serial.println(len);
        }
    unsigned int i = 0 ;
    unsigned int tmp = 0 ;
    unsigned int tmp1 = 0 ;
    unsigned long tmpnum = 0 ;
    String hexcode = String("0123456789ABCDEF") ;
    for (i = 0 ; i < (len ) ; i++)
    {
//      chkstring= hexstr.substring(i,i) ;
        hexstr.toUpperCase() ;
                tmp = hexstr.charAt(i) ;    // give i th char and return this char
                tmp1 = hexcode.indexOf(tmp) ;
        tmpnum = tmpnum + tmp1* POW(16,(len -i -1) )   ;

        if (debugmode == 1)
        {
                Serial.print("char:( ");
            Serial.print(i);
                Serial.print(")/(");
            Serial.print(hexstr);
                Serial.print(")/(");
            Serial.print(tmpnum);
                Serial.print(")/(");
            Serial.print((long)pow(16,(len -i -1)));
                Serial.print(")/(");
            Serial.print(pow(16,(len -i -1) ));
```

```
            Serial.print(")/(");
            Serial.print((char)tmp);
            Serial.print(")/(");
            Serial.print(tmp1);
            Serial.print(")");
            Serial.println("");
        }
    }
    return tmpnum;
}

long POW(long num, int expo)
{
    long tmp =1 ;
    if (expo > 0)
    {
        for(int i = 0 ; i< expo ; i++)
            tmp = tmp * num ;
            return tmp ;
    }
    else
    {
        return tmp ;
    }
}
```

程式來源: https://github.com/brucetsao/eCoffee

章節小結

　　本章主要介紹第一代咖啡豆烘烤機與第二代咖啡豆烘烤機的全部開發過程，透過本章節的解說，相信讀者會對開發、改造咖啡豆烘烤機，有更深入的了解與體認。

活動介紹

　　本書的起源，是國立暨南國際大學科技學院 USR 整合社區資源，在在科一館 5 樓成立創客教室，並開始一系列創客活動推廣開始的故事。

2018.1107 創客-滾筒烘豆機

　　國立基隆高中楊志忠老師在 ProjectPlus 網站，看到國立暨南國際大學電機工程學系郭耀文教授發表的一篇文章：【智慧烘焙】滾筒烘豆機，網址: https://project-plus.cc/Projects/baked_bean_machine/，發覺這樣的東西對該校與基隆市高中老師具有教學與創作的教育意義，於是邀請國立暨南國際大學電機工程學系郭耀文教授在 2018 年 11 月 7 日到該校，如下圖所示，舉辦一場 R 創客教學滾筒烘豆機烘咖啡豆機」，供該校基隆市高中教職員與學生參加。

圖 79 2018.1107 創客-滾筒烘豆機活動海報

這次課程中,授課教師首先教會大家烘豆技巧說明與烘豆機構造及如何使用簡易的程式設計內容,接著由講師一步一步將烤箱解剖構造並改造成烘豆機的做法給學員聽並在學員間互相激起創客魂來動手做,那後續要如何沖出一杯好咖啡呢?除了高品質咖啡豆與沖泡技巧外,最重要的就是烘培技術,可以將咖啡豆帶出不同的香氣與味道。把咖啡豆丟進滾筒裡用火炒,至今仍是百年不變的烘豆技術,那麼如果創造出一台機器,能更快速精準控溫、更平均加熱的話,咖啡烘焙技術是否有革命性的突破?在創客精神中 DIY (Do It Yourself),使得每位學員在本課程中逐漸化身為 Marker 大師,並以 DIWO(Do It With Others)的團隊精神來進行完成一台使用 Arduino 精準控溫的簡易式烘豆機。在在地地都是生活創意客的精神來發揚,材料隨手可得、創意隨手可見在科技程式設計簡單的導入日常生活中,這將會是本創客基地的精神所在。

本次活動剪影如下:

圖 80 主辦單位楊志忠老師與講者郭耀文教授合影

圖 81 參與學員與講者郭耀文教授合影

圖 82 上課情形

圖 83 講者郭耀文教授實務教導學員操作

2018.1117 生活創意王：烤箱也能化身為烘豆機

國立暨南國際大學科技學院 USR 整合社區資源，在埔里鎮育英國小成立「創客基地」，並邀請本校電機系郭耀文教授及 Marker 台灣自造者曹永忠老師擔任該創客基地地陪伴授課老師。

於 2018 年 11 月 7 日與 2018 年 11 月 17 日創課老師再度發功，在基隆高中與埔里育英國小創客基地開設「創客課程：烤箱化身為烘咖啡豆機」，總計共有數十名學員報名參加課程。老師會有如此生活創意的動機源自因最近住房隔壁的老師開始烘咖啡豆，嘗試不同的方法，某天，他拿了網路文章說有人用滾筒式烤箱來烘，但是整個燒起來，後來有人加了溫度感測器，溫度到會停止加熱，問我說改這個會不會很難，我說小事一件，過年後我們倆就動手處理一下。對有經驗的 Maker 來說，這應該是幼稚園等級，對於初學者來說，也是一個不錯的練習，所以就分享給大家。

這次課程中，參照下表教案，授課教師首先教會大家烘豆技巧說明與烘豆機構造及如何使用簡易的程式設計內容，經過前面的介紹接下來要進入這次主題，學員分成 4 組進行團隊創客的相見歡，接著由講師一步一步將烤箱解剖構造並改造成烘豆機的做法給學員聽並在學員間互相激起創客魂來動手做，那後續要如何沖出一杯好咖啡呢？除了高品質咖啡豆與沖泡技巧外，最重要的就是烘培技術，可以將咖啡豆帶出不同的香氣與味道。把咖啡豆丟進滾筒裡用火炒，至今仍是百年不變的烘豆技術，那麼如果創造出一台機器，能更快速精準控溫、更平均加熱的話，咖啡烘焙技術是否有革命性的突破？在創客精神中 DIY（Do It Yourself），使得每位學員在本課程中逐漸化身為 Marker 大師，並以 DIWO（Do It With Others）的團隊精神來進行完成一台使用 Arduino 精準控溫的簡易式烘豆機。在在地地都是生活創意客的精神來發揚，材料隨手可得、創意隨手可見在科技程式設計簡單的導入日常生活中，這將會是本創客基地的精神所在。

表 32 創客課程-烤箱化身為烘咖啡豆機教案書

活動名稱： 創客課程-烤箱化身為烘咖啡豆機				
活動日期：107/11/17				
活動地點：育英國小創客基地				
場域聯絡人	姓名	場域位置	職稱	電話
	郭耀文	育英國小	教授	
學校參與人員	姓名	服務單位及職稱		
	陳谷汎	國立暨南國際大學/土木系系主任		
	郭耀文	國立暨南國際大學/電機系教授		
	郭明裕	國立暨南國際大學/應化系系主任		
	陳智峰	國立暨南國際大學/通識中心兼任講師		
	陳皆儒	國立暨南國際大學/土木系副教授		
	呂孟珊	國立暨南國際大學/博士後研究員		
	鄭登允	國立暨南國際大學/專任助理		
	余勇進	國立暨南國際大學/專任助理		

場域參與人員	姓名	服務單位及職稱
	陳怡真等學員與家長共 10 人	
想法交流	1. 滾筒式烤箱拆解說明。 2. 線路改裝與 Arduino UNO 連接。 3. 鑽洞讓烘豆產生廢氣流通。 4. 溫度控制器組裝與設定。	
問題溝通協調	1. 如何避免烤箱燒掉? 2. 如何設計程式? 3. 如何排出烘豆廢氣? 4. 烤箱耐熱溫度上限? 5. 其他的烤箱也能照這方式改裝?	
合作事項	透過吸引學員興趣為開端,嘗試引導學員思考與嘗試找出並解決問題。借由課程分享經驗,避免重覆的失敗,將創客的精神發散到各地。激發出更多想法與創作的可行性,吸引大家投入創作。	

本次活動剪影如下:

圖 84 學員報到

圖 85 學員報到

圖 86 郭耀文教授開講解

圖 87 講者郭耀文教授

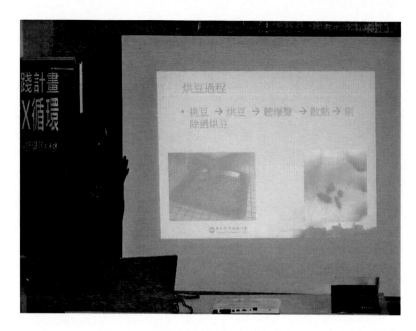

圖 88 講解烘豆原理

圖 89 開始拆機

圖 90 拆機演示

圖 91 拆機演示

圖 92 拆機演示

圖 93 拆機演示

圖 94 拆機演示

圖 95 零組件介紹

圖 96 講解旋轉控制

圖 97 學員開始實作

圖 98 拆解實作

圖 99 訪視學員實作

圖 100 解決學員疑惑

圖 101 講解驅動原理

圖 102 一步一步傳授

圖 103 連女學員都專心凝聽

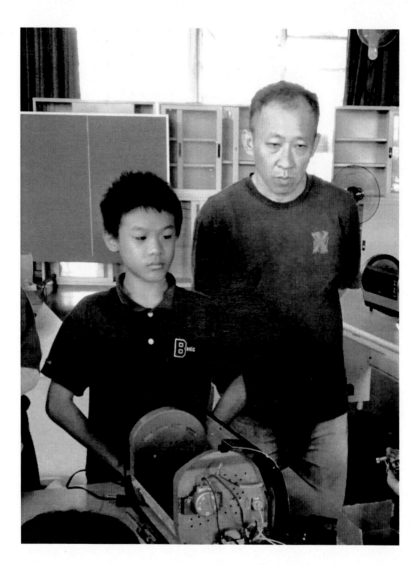

圖 104 學員全家一起來學

圖 105 學員實作

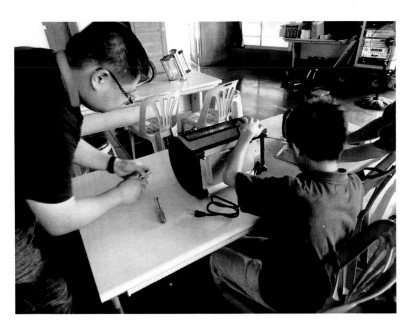

圖 106 小小學員實作

圖 107 媽媽帶女兒實作

圖 108 蹲下來作

圖 109 老師解惑

圖 110 雙人一起來

圖 111 不要剪錯啊

圖 112 這線好難接

圖 113 加快一點

圖 114 學員攜家帶眷一起來學

後續創客系列活動將會於 107 年 11 月 27 日再度在基隆高中開設課程，讓創客精神擴散到各地，同時借由相關課程激發更多的想像，在這種生活智慧創課王的發省下，相信將會有更多的團隊也投入智慧科技導入在地社區的行列。

2018.1127 烤箱化身為烘咖啡豆機

國立基隆高中楊志忠老師邀請筆者在 2018 年 11 月 27 日到該校，如下圖所示，再舉辦一場『烤箱化身為烘咖啡豆機』，供該校基隆市高中教職員與學生參加。

圖 115 2018.1127 烤箱化身為烘咖啡豆機活動海報

這次課程中，授課教師首先介紹改造烘豆機相關零件與控制元件，介紹如下

TSK-K1092 遠紅外線烘烤爐

圖 116 TSK-K1092 遠紅外線烘烤爐

Arduino UNO:

圖 117 Arduino UNO 開發板

參考網址:https://goods.ruten.com.tw/item/show?21605771008018

LCD Keypad Shield ARDUINO

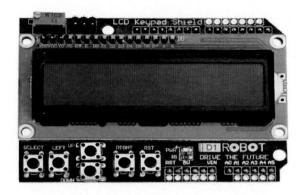

圖 118 LCD Keypad Shield

參考網址:https://goods.ruten.com.tw/item/show?21531221763025

K type 熱電偶

圖 119 K type 熱電偶

參考網址:https://goods.ruten.com.tw/item/show?21633339667447

MAX6675

圖 120 MAX6679 模組

參考網址:https://goods.ruten.com.tw/item/show?21840725117851

固態繼電器:SSR-25DA:

圖 121 固態繼電器:SSR-25DA

參考網址:https://goods.ruten.com.tw/item/show?21736052960405

Molex 2.54mm 2P 雙頭母頭附線 45CM

圖 122 雙頭母頭附線 45CM

參考網址:https://goods.ruten.com.tw/item/show?21804633091816

塑膠螺絲 PC PF-306 6mm

圖 123 塑膠螺絲等配件

參考網址:https://goods.ruten.com.tw/item/show?21804640792058

六角外螺紋隔離柱

圖 124 六角外螺紋隔離柱

六角外螺紋隔離柱 HTS-315 M3*0.5 適用螺帽：

參考網址:https://goods.ruten.com.tw/item/show?21804635983694

六角外螺紋隔離柱

圖 125 六角外螺紋隔離柱

六角外螺紋隔離柱 HTS-310 M3*0.5：

參考網址:https://goods.ruten.com.tw/item/show?21804635983694

Molex 2.54 連接器-2P 公插頭

圖 126 Molex 2.54 連接器-2P 公插頭

參考網址:https://goods.ruten.com.tw/item/show?21804635835128

AC 風扇

圖 127 AC 風扇

參考網址:https://goods.ruten.com.tw/item/show?215546101398314

玻璃絲編織耐熱線

圖 128 玻璃絲編織耐熱線

參考網址:https://goods.ruten.com.tw/item/show?21303315866211

接下來,請先把控制板根據下列方式,先行組裝:

◆ LCD KeyPad 請把這根針腳剪斷

本次活動剪影如下:

圖 129 學員與講者曹永忠合影

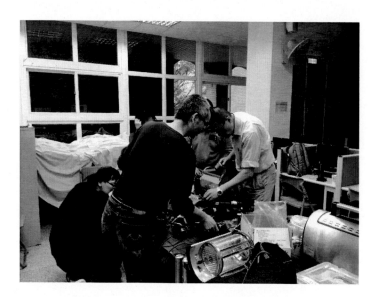

圖 130 學員實作

圖 131 烘培機成機實際烘豆

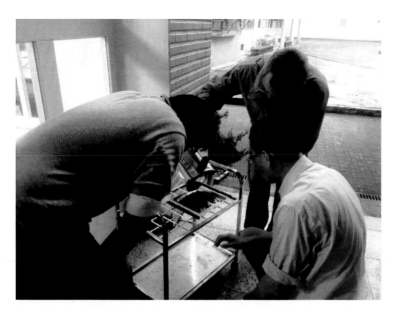

圖 132 驗收烘豆成果

圖 133 完美的烘豆成果

2018.1207 創客智造節 AIoT 智慧城市創客培育工作坊

　　勞動部力發展署北基宜花金馬分署創客基地 與 財團法人資訊工業策進會訂於 2018 年 12 月 7 日與 12 月 8 日假國立臺灣科學教育館舉辦"2018 創客智造節" 活動，於活動中安排工作坊，進行黑客松競賽，歡迎有志進行 AIoT 黑客松的創客一同組隊參與，活動免費提供每組製作材料工具包，參加者於賽前自行組隊報名並提案，會中並邀請各界創客菁英於會一同展示，筆者學校：國立暨南國際大學電機工程學系也在邀請之列，

表 33 創客課程-烤箱化身為烘咖啡豆機教案書

活動名稱：創客智造節 AIoT 智慧城市創客培育工作坊				
活動日期：107/12/07~107/12/08				
活動地點：國立臺灣科學教育館				
場域聯絡人	姓名	場域位置	職稱	電話
	郭耀文	國立臺灣科學教育館	教授	
學校參與人員	姓名	服務單位及職稱		
	郭耀文	國立暨南國際大學/電機系教授		
	余勇進	國立暨南國際大學/專任助理		
	曹永忠	國立暨南國際大學/電機系兼任助理教授		
場域參與人員	姓名	服務單位及職稱		
	現場訪客約 300 人次			
想	1. 參與科學與生活工作坊。			

法 交 流	2. 展場各式創客作品想法與創意交流。 3. 智慧電網系統介紹。 4. 烤箱化身烘豆機分享與現場烘豆、研磨並沖泡。
問 題 溝 通 協 調	1. 創意借鑑與連結合作? 2. 未來智慧電網目標? 3. 烘豆機未來改良優化? 4. 烤箱容量與溫度上限? 5. 判斷烘豆完成時機?
合 作 事 項	創客課程成果展示,透過交流分享創意。與其他學校、廠商連結合作,導入更多生活化創客課程。擴展創客教材、吸引更多興趣者加入,培育師資打造成創客基地。

這次展示中,為了配合烘豆機展示,國立基隆高中楊志忠老師邀請咖啡大師:林俊男,與會協助我們展示烘豆機全過程,從生豆選擇、烘培、咖啡豆研磨、煮咖啡到免費邀請參觀者品嚐咖啡,一手包辦,整個會場充滿濃濃的咖啡香味。

本次活動剪影如下:

圖 134 展示場第國立科學教育館

圖 135 入口即景

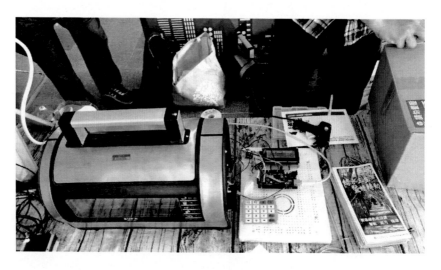

圖 136 烘豆機展示

圖 137 展示準備

圖 138 介紹參展作品

圖 139 林俊男大師調理咖啡

圖 140 煮咖啡工具

圖 141 展示中

圖 142 郭耀文教授介紹作品給參訪觀眾

圖 143 電力監控系統展示

圖 144 大合影

章節小結

　　本章主要介紹，我們以 EUPA　遠紅外線低脂旋風烘烤爐(TSK-K1092)，進行改造咖啡豆烘烤機，並將作者們推廣這些技術與經驗的活動過程，一一呈現在本章節，希望透過這樣的介紹，可以讓更多人可以一起來學習，並有更深入的了解與體認。

本書總結

筆者對於 Arduino 相關的書籍，也出版許多書籍，感謝許多有心的讀者提供筆者許多寶貴的意見與建議，筆者群不勝感激，許多讀者希望筆者可以推出更多的教學書籍與產品開發專案書籍給更多想要進入『物聯網』、『智慧家庭』這個未來大趨勢，所有才有這個系列的產生。

本系列叢書的特色是一步一步教導大家使用更基礎的東西，來累積各位的基礎能力，讓大家能更在 Maker 自造者運動中，可以拔的頭籌，所以本系列是一個永不結束的系列，只要更多的東西被製造出來，相信筆者會更衷心的希望與各位永遠在這條 Maker 路上與大家同行。

作者介紹

曹永忠 (Yung-Chung Tsao)，國立中央大學資訊管理學系博士，目前在國立暨南國際大學電機工程學系與國立高雄科技大學商務資訊應用系兼任助理教授與自由作家，專注於軟體工程、軟體開發與設計、物件導向程式設計、物聯網系統開發、Arduino 開發、嵌入式系統開發。長期投入資訊系統設計與開發、企業應用系統開發、軟體工程、物聯網系統開發、軟硬體技術整合等領域，並持續發表作品及相關專業著作。

Email:prgbruce@gmail.com

Line ID：dr.brucetsao

WeChat：dr_brucetsao

作者網站：https://www.cs.pu.edu.tw/~yctsao/

臉書社群(Arduino.Taiwan)：

https://www.facebook.com/groups/Arduino.Taiwan/

Github 網站：https://github.com/brucetsao/

原始碼網址：https://github.com/brucetsao/eCoffee

Youtube：

https://www.youtube.com/channel/UCcYG2yY_u0m1aotcA4hrRgQ

郭耀文 (Yaw-Wen Kuo)，國立交通大學電信工程研究所博士，曾任工研院電通所工程師、合勤科技局端設備部門資深工程師，目前是國立暨南國際大學電機工程學系教授，主要研究領域是無線網路通訊協定設計、物聯網系統開發、嵌入式系統開發。

Email: ywkuo@ncnu.edu.tw

作者網站：https://sites.google.com/site/yawwenkuo/

臉書：https://www.facebook.com/profile.php?id=100007381717479

楊志忠(Chih-Chung Yang)，國立清華大學物理學系碩士，目前擔任國立基隆高中物理科專任教師，致力於物理科教學影音製作，近年投入自造者運動，導入專家學者資源動手改造傳統物理實驗量測、生活電器程式控制等。

Email:klsh121@klsh.kl.edu.tw

物理教學影音: http://podcast.klsh.kl.edu.tw/channels/524/episodes/4526?locale=zh_tw

附錄

Arduino Mega 2560 腳位圖

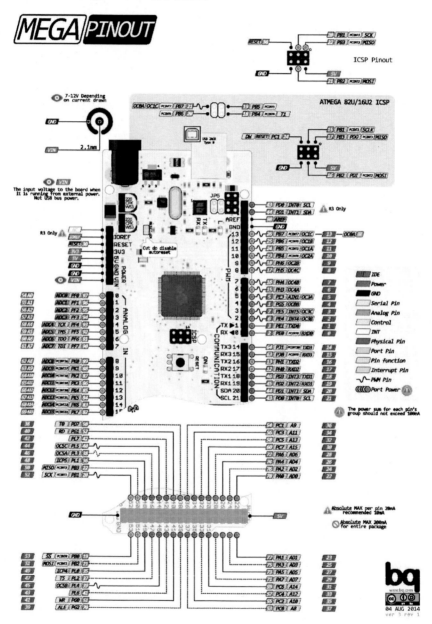

Arduino UNO 腳位圖

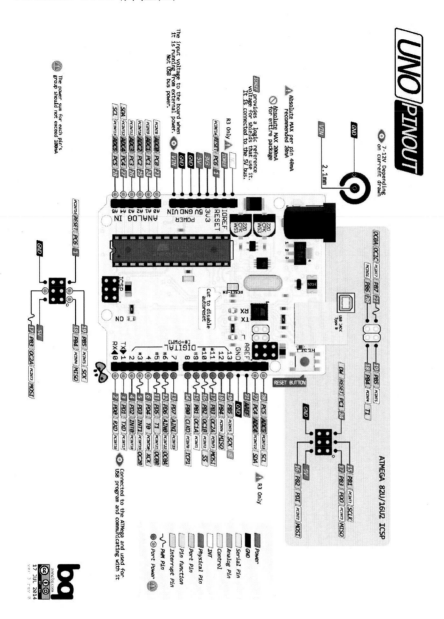

Arduino Leonardo 腳位圖

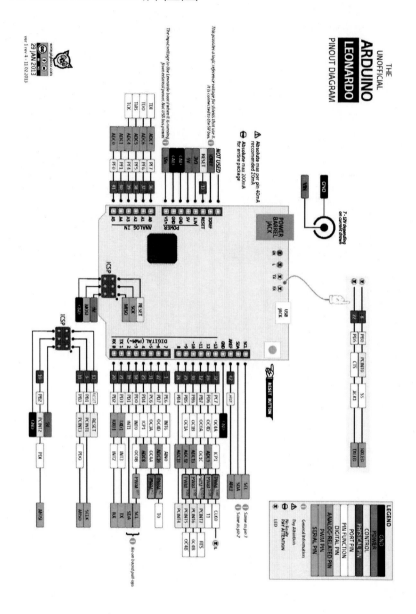

Arduino NANO 腳位圖

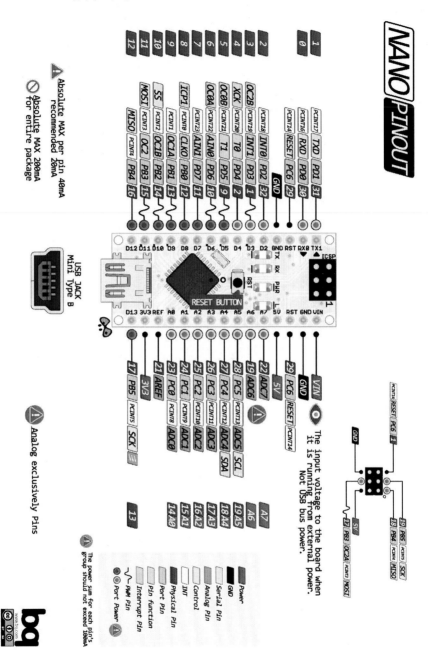

EUPA 遠紅外線低脂旋風烘烤爐(TSK-K1092)

資料來源：EUPA 遠紅外線低脂旋風烘烤爐賣場：
http://www.tkec.com.tw/ptview.aspx?pidqr=125451

烤箱拆解照片 圖

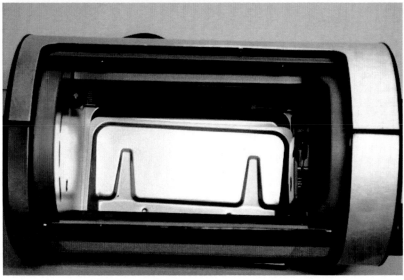

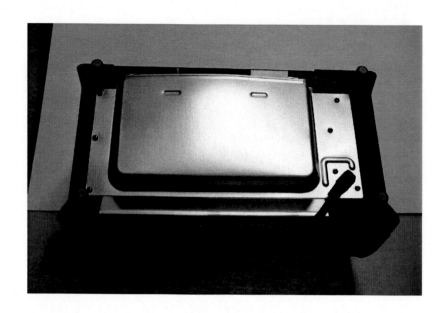

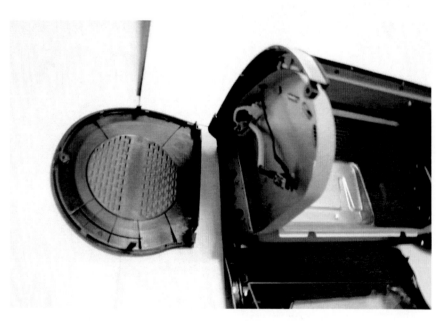

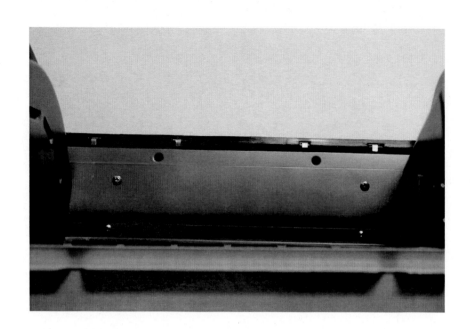

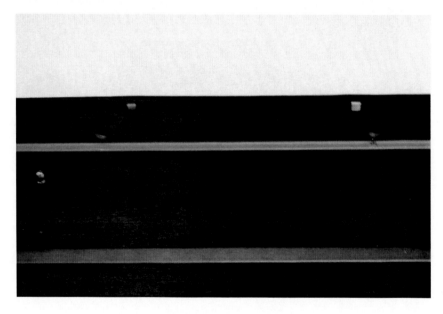

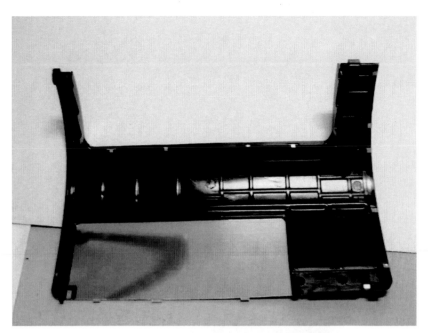

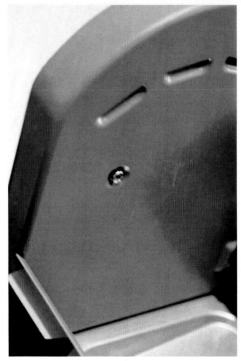

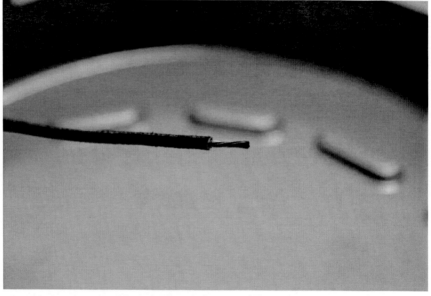

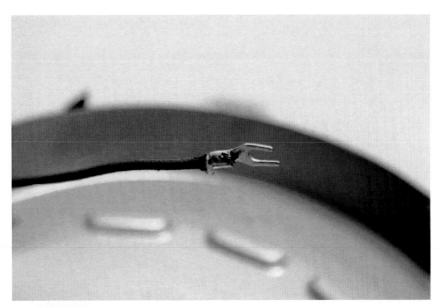

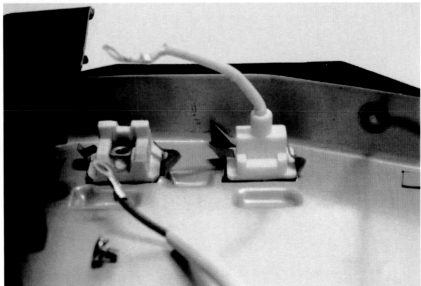

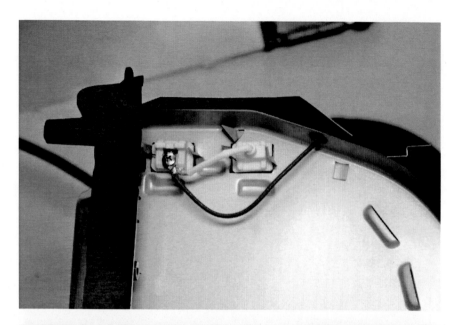

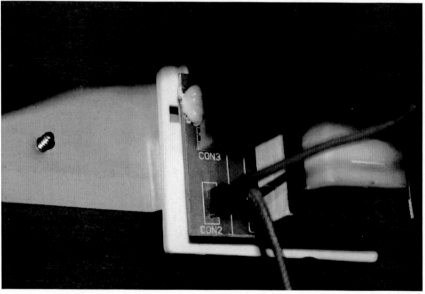

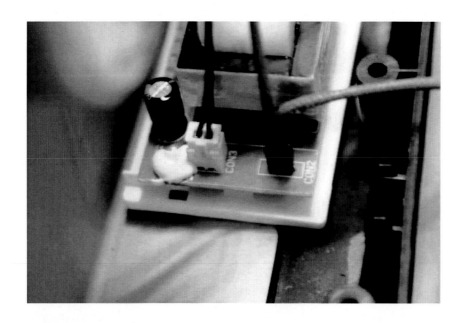

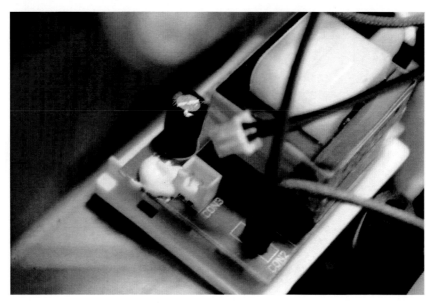

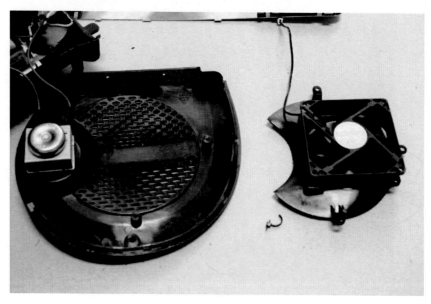

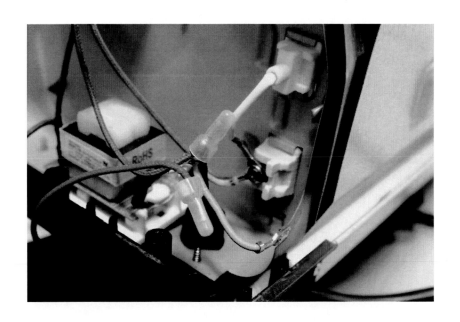

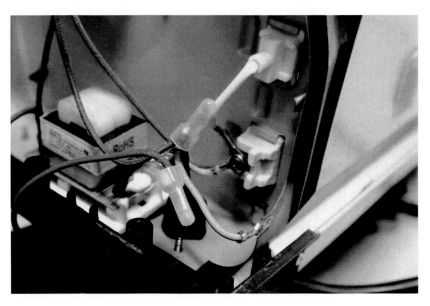

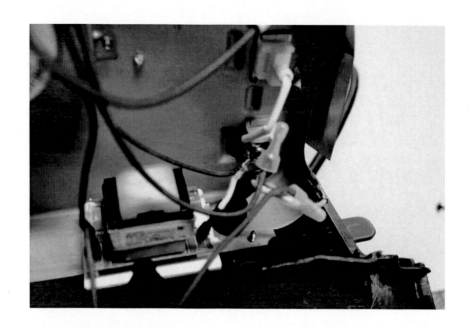

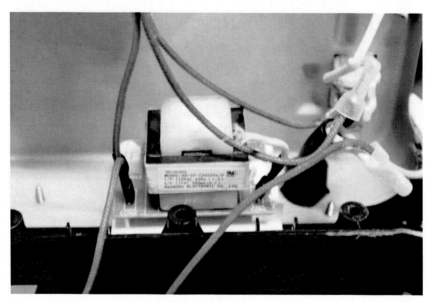

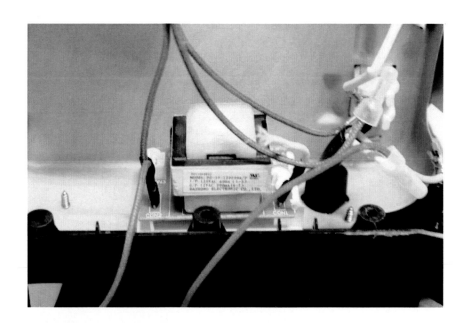

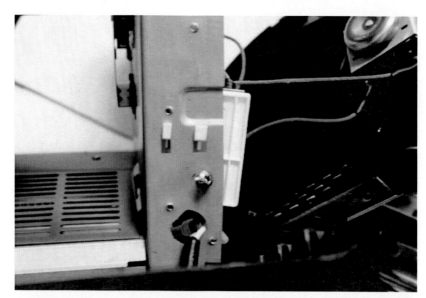

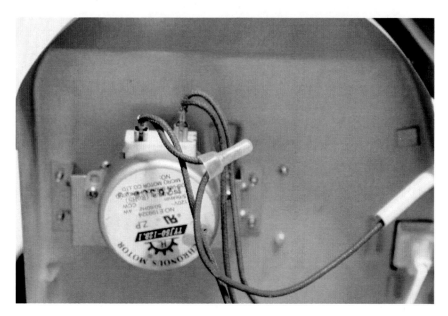

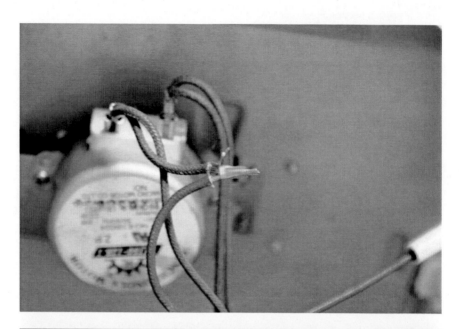

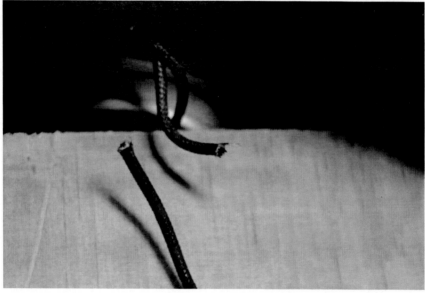

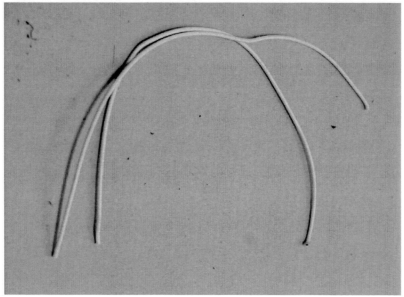

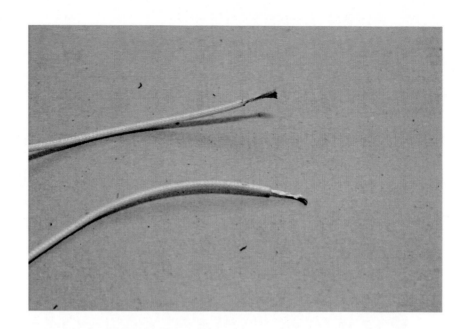

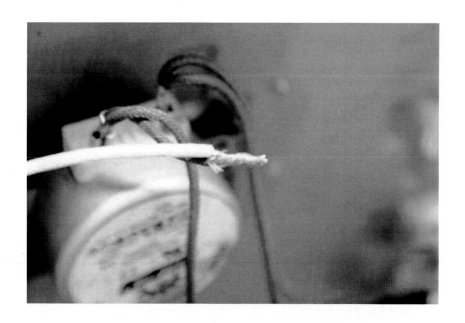

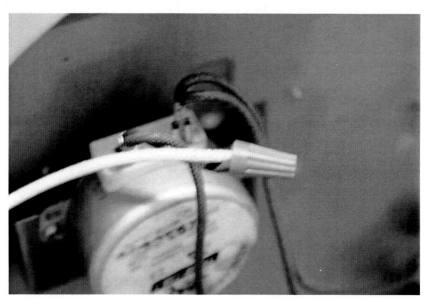

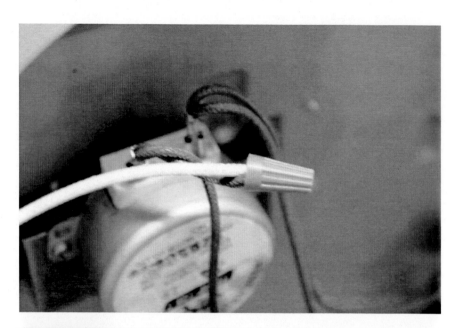

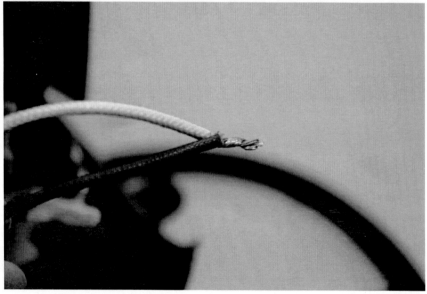

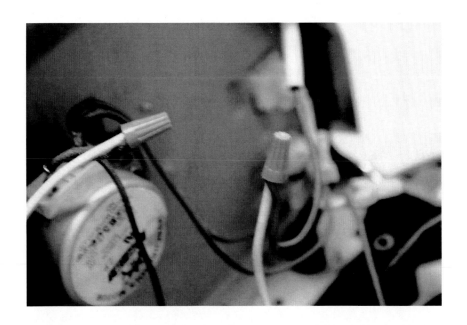

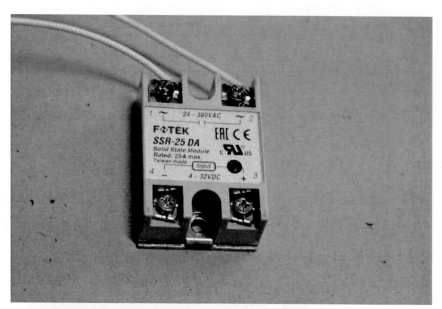

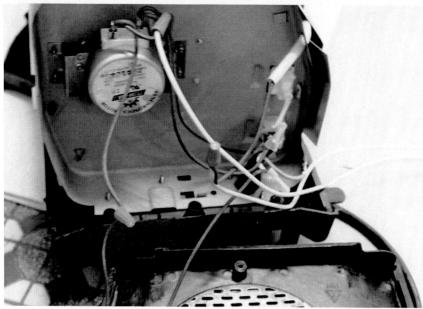

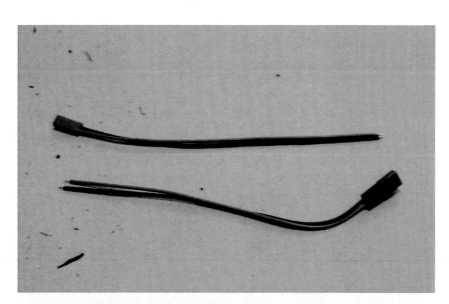

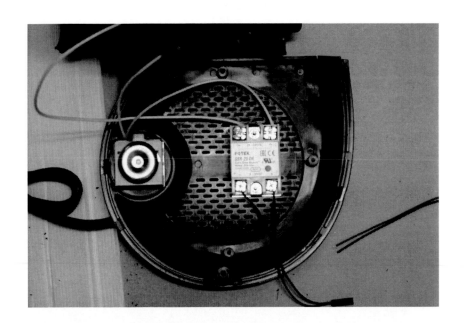

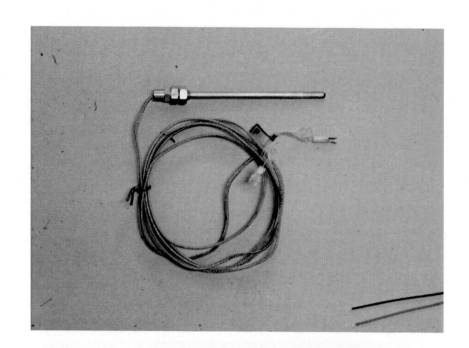

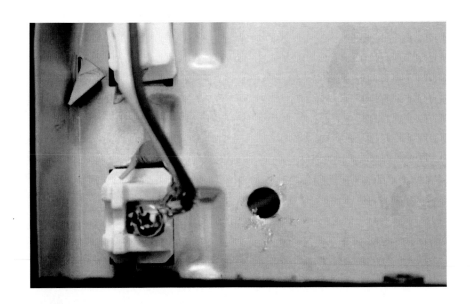

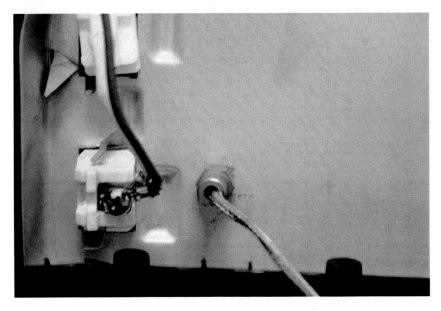

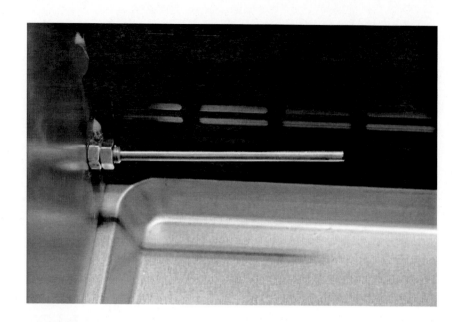

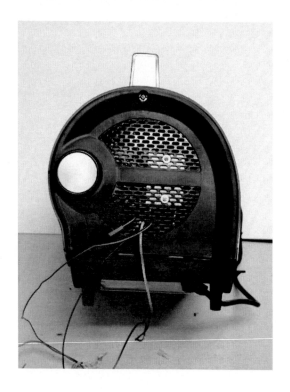

創客智造節 AIoT 智慧城市活動型錄

活動流程

時間	活動內容
10:00-	創客智造主題館/創客大會師活動集結
10:30-10:35	熱鬧活力開場表演
10:35-10:45	長官/貴賓致詞
10:45-10:55	我是創客-創意設計競賽頒獎典禮
10:55-11:00	啟動儀式
11:00-12:00	格鬥機器人擂台賽 創客智造主題館/創客大會師巡禮
12:00-13:00	舞台休息時間
13:00-13:40	格鬥機器人親子體驗活動 創客問答好康送
13:40-14:30	創客論壇 洪旭泰、曾吉弘老師主題分享
14:30-15:30	紙手臂趣味手作體驗
15:30-16:30	物聯網工作坊成果發表
16:30-17:00	創客競賽最佳人氣獎頒獎 人氣票選出爐

活動現場有「集章送好禮」、「手作體驗」、「票選抽獎」等多項好康活動，歡迎民眾闔家光臨，一同感受創客滿滿的熱情及活力。

2018 創客智造節
科技創新×互動創意×數位創作

12/8 (六) 10:00-17:00
國立臺灣科學教育館

勞動部勞動力發展署北基宜花金門分署秉持著為鬆綁勞工做的「創客」（Maker）精神，發揮翻轉創意，扶植台灣在地自造能量，接軌國際的創新視野，舉辦創客智造節活動，現場規劃創客主題館、創客大會師及格鬥機器人三大項，集結了眾多頂創客團隊單位，透過主題創客論壇與工作坊成果分享等方式，讓Maker相互交流，讓更多人參與Maker活動。

創客智造主題館 10:00-17:00

館內展示「我是創客創意設計競賽」15組得獎作品，創客們將與你面對面分享交流設計理念與應用，展示作品有樂高DO Guitar/個人化數位典藏系統之開發；Snoozelan; Room Controller System/ConCube/互動機器人、盆栽/瓶中燈/智慧家電機控系統/3D列印Arduino昆蟲生態觀察器/電腦西洋跳遊戲再利用系統/智慧魚缸床保護枕/Table War床上戰甲/格甲昆蟲天團/益智拼圖/寵物巢箱守護枕-走網傳聲擊腿腦裝置/感應式窗戶設計。

現場票選最多的創客設計作品，將有機會獲得平板電腦、行動電源等好禮，趕快把握12/8當天，藝術範例可至下午3:00前止投票。

創客大會師 10:00-17:00

現場集點秒校、企業、社團等創客團體展示開發之創意商品、新創服務等作品，包括AR擴境實境等，多媒體互動、面射體驗、3D列印、智慧裝置、影繪服務…等，多元豐富的創意設計內容，歡迎一起來見習分享交流創新精神。

創客論壇 13:40-14:30

議題：
AI人工智慧時代與創客發展

講師人：
Fablab Taipei創辦人 洪旭泰 講師
MIT Media Lab訪問學者 曾吉弘 講師

物聯網工作坊成果發表 15:30-16:30

以 AI 影像辨識應用發想，結合物聯網等光果，並以「智動城市」為主題發想實現要解決的問題，探分組研發及設計系統方式實作-分享交流智慧交通、經濟、環境及能源等專題。

格鬥機器人擂台賽

機器人競技已成為近年國際上受矚目的活動，透過專業選手的激戰，認識二足機器人的程式設計、造型改良，也藉此眾體驗機器人格鬥樂趣。

專業選手競賽 11:00-12:00

由參賽選手互相競技，採KO（筆回合淘汰制）依擊倒對方她得分數最高者獲勝。
現場將介紹格鬥機器人基本造型、程式設計及戰鬥尖投的竅用，一起fighting!

親子體驗活動 13:00-13:40

帶您親體驗二足機器人的操作技巧？！名額有限，趕快來現場報名，專人教學，機會難得！

紙手臂趣味手作體驗 14:30-15:30

以創客工作坊方式讓民眾體驗動手製作紙手臂夾具的基本造型，不同夾具如何來取不同物件，讓孩思考思考如何設計，並發揮融林發想方式，讓民眾使用所製作的紙手臂夾具操作。

參考文獻

Fritzing.org. (2013). Fritzing.org. Retrieved from http://fritzing.org/

Guangzhou_Tinsharp_Industrial_Corp._Ltd. (2013). TC1602A DataSheet. Retrieved from http://www.tinsharp.com/

曹永忠, 吳佳駿, 許智誠, & 蔡英德. (2017a). *Ameba 程式設計(物聯網基礎篇):An Introduction to Internet of Thing by Using Ameba RTL8195AM* (初版 ed.). 台灣、彰化: 渥瑪數位有限公司.

曹永忠, 吳佳駿, 許智誠, & 蔡英德. (2017b). *Ameba 程序设计(物联网基础篇):An Introduction to Internet of Thing by Using Ameba RTL8195AM* (初版 ed.). 台灣、彰化: 渥瑪數位有限公司.

曹永忠, 許智誠, & 蔡英德. (2013). *Arduino 電風扇設計與製作: The Design and Development of an Electronic Fan by Arduino Technology* (初版 ed.). 台灣、彰化: 渥瑪數位有限公司.

曹永忠, 許智誠, & 蔡英德. (2015a). *86Duino 程式教學(網路通訊篇):86duino Programming (Networking Communication)* (初版 ed.). 台灣、彰化: 渥瑪數位有限公司.

曹永忠, 許智誠, & 蔡英德. (2015b). *86Duino 编程教学(无线通讯篇):86duino Programming (Networking Communication)* (初版 ed.). 台灣、彰化: 渥瑪數位有限公司.

曹永忠, 許智誠, & 蔡英德. (2015c). *Ameba 空气粒子感测装置设计与开发(MQTT 篇):Using Ameba to Develop a PM 2.5 Monitoring Device to MQTT* (初版 ed.). 台灣、彰化: 渥瑪數位有限公司.

曹永忠, 許智誠, & 蔡英德. (2015d). *Ameba 空氣粒子感測裝置設計與開發(MQTT 篇)):Using Ameba to Develop a PM 2.5 Monitoring Device to MQTT* (初版 ed.). 台灣、彰化: 渥瑪數位有限公司.

曹永忠, 許智誠, & 蔡英德. (2015e). *Arduino 程式教學(入門篇):Arduino Programming (Basic Skills & Tricks)* (初版 ed.). 台灣、彰化: 渥瑪数位有限公司.

曹永忠, 許智誠, & 蔡英德. (2015f). *Arduino 程式教學(常用模組篇):Arduino Programming (37 Sensor Modules)* (初版 ed.). 台灣、彰化: 渥瑪数位有限公司.

曹永忠, 許智誠, & 蔡英德. (2015g). *Arduino 程式教學(無線通訊篇):Arduino Programming (Wireless Communication)* (初版 ed.). 台灣、彰化: 渥瑪數位有限公司.

曹永忠, 許智誠, & 蔡英德. (2015h). *Arduino 编程教学(无线通讯*

篇):*Arduino Programming (Wireless Communication)*(初版 ed.). 台湾、彰化: 渥瑪數位有限公司.

曹永忠, 許智誠, & 蔡英德. (2015i). *Arduino 编程教学(常用模块篇):Arduino Programming (37 Sensor Modules)* (初版 ed.). 台湾、彰化: 渥玛数位有限公司.

曹永忠, 許智誠, & 蔡英德. (2015j). *Arduino 编程教学(入门篇):Arduino Programming (Basic Skills & Tricks)* (初版 ed.). 台湾、彰化: 渥玛数位有限公司.

曹永忠, 許碩芳, 許智誠,& 蔡英德. (2015). *Arduino 程式教學(RFID 模組篇):Arduino Programming (RFID Sensors Kit)*(初版 ed.). 台湾、彰化: 渥瑪數位有限公司.

高溫控制系統開發
（改造咖啡豆烘烤機為例）
A Development of High-Temperature Controller(A Case of Coffee Roaster Modified from Roaster)

作　　者：曹永忠、郭耀文、楊志忠

發 行 人：黃振庭

出 版 者：崧燁文化事業有限公司

發 行 者：崧燁文化事業有限公司

E-mail：sonbookservice@gmail.com

粉 絲 頁：https://www.facebook.com/
　　　　　sonbookss/

網　　址：https://sonbook.net/

地　　址：台北市中正區重慶南路一段六十一號八
　　　　　樓 815 室

Rm. 815, 8F., No.61, Sec. 1, Chongqing S. Rd.,
Zhongzheng Dist., Taipei City 100, Taiwan

電　　話：(02) 2370-3310

傳　　真：(02) 2388-1990

印　　刷：京峯彩色印刷有限公司（京峰數位）

律師顧問：廣華律師事務所 張珮琦律師

國家圖書館出版品預行編目資料

高溫控制系統開發 (改造咖啡豆烘
烤機 為 例) = A development of
high-temperature controller(a
case of coffee roaster modified
from roaster) / 曹永忠 , 郭耀文 ,
楊志忠著 . -- 第一版 . -- 臺北市 :
崧燁文化事業有限公司 , 2022.03
　面；　公分
POD 版
ISBN 978-626-332-094-9(平裝)
1.CST: 微電腦 2.CST: 電腦程式語
言
471.516 111001412

定　　價：320 元

發行日期：2022 年 03 月第一版

◎本書以 POD 印製

電子書購買

臉書